# Gelassenheit im Job

## Die Entdeckung der Leichtigkeit

Katja Niedermeier

# So nutzen Sie dieses Buch

Die folgenden Elemente erleichtern Ihnen die Orientierung im Buch:

*Beispiel*

*In diesem Buch finden Sie unterschiedliche Fallbeispiele, die die geschilderten Sachverhalte veranschaulichen.*

In diesen Kästen finden Sie nützliche Merksätze und Tipps.

*Übungen*

*Zahlreiche Übungen in diesem Buch helfen Ihnen dabei, das Gelesene in der Praxis umzusetzen.*

**Auf den Punkt gebracht**

Am Ende jedes Kapitels finden Sie eine kurze Zusammenfassung des jeweiligen Themas.

# Inhalt

# Vorwort

In dem Moment, in dem Sie die Gelassenheit verlässt, enthält Ihnen das Leben etwas vor, das Ihnen eigentlich rechtmäßig zusteht: Würde, Sicherheit, Anerkennung, Wohlstand, Zuneigung, Selbstbestimmtheit. Mangelt es plötzlich an diesen Grundbedürfnissen, tritt ein Gefühl der Unsicherheit auf – und im Berufsalltag kommen diese Bedürfnisse gerne zu kurz. Demütigung, fehlender Respekt, harsche Kritik (auch Selbstanklage), Existenzängste, Isolationsgefühle oder das Gefühl der Machtlosigkeit resultieren in mangelnder Unbeschwertheit, sprich: Stress.

Die amerikanische Musikproduzentin und Ikone des Hip-Hop, Missy Elliott, rief einmal ihrer jungen PR-Managerin durch die verschlossene Hotelzimmertür zu: „I'm ready when I'm ready!", was frei übersetzt wohl so viel bedeuten sollte wie: „Nun hör endlich auf, mir ununterbrochen zu erklären, dass ich in zwei Minuten auf der Bühne stehen soll und dafür mein Zimmer verlassen muss – gut Ding will nun einmal Weile haben!" Die PR-Lady, deren Job es war, die Künstlerin pünktlich von A nach B zu eskortieren, blieb erstaunlich gefasst, obschon die Liveübertragung der TV-Show bereits begonnen hatte. Beim Eintreffen im Studio verhielt sich die junge Frau professionell, als man sie vorwurfsvoll fragte, wo sie mit der Künstlerin so lange geblieben sei und ob sie denn komplett den Verstand verloren habe. Weiterhin ertrug sie die genervten Blicke und das verächtliche Kopfschütteln mit Grandezza. Die PR-Dame erledigte das, was es jetzt noch zu erledigen gab, und schickte die eigenwillige und sehr in sich ruhende Musikerin auf die Bühne. Sie war ganz Profi, arbeitete zu jeder

Sekunde lösungsorientiert und ließ sich ihre Gefühlsmixtur aus Verzweiflung, Wut, Frust und Schlafmangel nicht anmerken. Ein wahrer Kraftakt, denn als endlich die Anspannung des Tages von ihr abfiel und niemand zusah, brach sie in Tränen aus.

Und Sie? Was wollen Sie: Gelassen *wirken* wie die PR-Managerin, gelassen *sein* wie Missy Elliott oder am besten *beides*? Auf andere Menschen einen überlegten, ruhigen, dabei jedoch keinen gleichgültigen oder arroganten Eindruck zu machen, ist ein herrlich erhebendes Gefühl. Allerdings ist es wahnsinnig anstrengend, nach außen hin cool zu wirken, wenn tief in Ihrem Inneren ein Vulkan tobt.

Im Folgenden werden Sie nicht nur erfahren, wie Sie bei Gegenwind, Kritik oder in unangenehmen Situationen souverän bleiben, sondern auch wie Sie sich tatsächlich gelassen fühlen, wenn sich gerade alles um Sie herum zu einem einzigen Desaster auftürmt und Ihnen ein jeder auf seine eigene Art vermittelt: „Das ist alles deine Schuld, du Versager!"

Frei nach den berühmten Sätzen des evangelischen Theologen Reinhold Niebuhr wünsche ich Ihnen, dass Sie bald nach dem Lesen die Gelassenheit besitzen, Dinge hinzunehmen, die Sie nicht ändern können, dass Sie den Mut aufbringen, die Dinge zu ändern, die Sie ändern können, und ich wünsche Ihnen die Weisheit, das eine vom anderen zu unterscheiden. Auf geht's!

Ihre Katja Niedermeier

# Grundgedanken

## Was ist Gelassenheit?

Wenn Sie sich das Wort „Gelassenheit" ansehen, wird Ihnen der Wortteil „lassen" nicht entgehen. Um unbeschwert zu sein, müssen wir so akzeptiert werden, wie wir sind. Auch von uns selbst – sind wir doch oftmals unsere ärgsten Kritiker! Wir brauchen die Gewissheit, in unser Umfeld hinein zu passen, in Sicherheit zu sein und unsere Rechte und Bedürfnisse erfüllt zu bekommen. Wir wollen nicht modifiziert, manipuliert, schikaniert sondern in Ruhe ge*lassen* werden. Gelassenheit fußt auch auf der Fähigkeit, Angelegenheiten, die wir partout nicht ändern können, hinzunehmen, sie also gleichmütig (nicht zu verwechseln mit gleichgültig) geschehen zu *lassen*. Zu diesen Angelegenheiten gehören übrigens auch Personen. Des Weiteren gehört zum Erreichen dieser inneren Balance, Vergangenes ruhen zu *lassen*, sowie der Mut, hinderliche Gedankenmuster bzw. Glaubenssätze aufzuspüren und loszu*lassen*.

„Glaubenssätze" sind verallgemeinernde Aussagen, die Sie als die ultimative Wahrheit angenommen haben, ohne sie jemals zu hinterfragen. Ein Beispiel: „Wir sind eine total musikalische Familie." Wie schön! Für das naturwissenschaftliche Ass der Familie, das Bach aber nicht von Beethoven unterscheiden kann, muss das ja ein ganz „großartiges" Gefühl der Dazugehörigkeit sein. Anderes Beispiel: „Ich war schon immer unsportlich." Wer das von sich glaubt, wird seinem Körper in Sachen regelmäßiger Bewegung sicherlich nicht viel Gutes tun, obwohl er dazu durchaus in der Lage wäre. Sobald Ihnen Ihre innere Stimme Sätze flüstert, in denen Worte wie „müssen", „alle", „immer", „total", „nur", „ewig", „nie" oder „niemand" vorkommen, ist an dem Inhalt etwas faul.

Kindern wird im Kindergarten oder in der Schule die „Stopp-Regel" beigebracht und die funktioniert so: Sobald das eine Kind „Stopp" sagt, muss das andere sofort mit dem aufhören, was es gerade tut, denn Kind 1 findet das nicht mehr witzig und fängt gleich an zu weinen oder haut zu.

> Das Prinzip der Stopp-Regel hilft Ihnen umzudenken, sobald ein blockierender Glaubenssatz in Ihr Bewusstsein huscht.

Können Sie sich Gelassenheit am Arbeitsplatz wenigstens in Ihrer Fantasie vorstellen? Gibt es in all den „Programmdateien" Ihres Gehirns ein Bild, das zu einer gelassenen, erfüllten und entspannten Arbeitsatmosphäre passt? Das wäre immerhin eine gute Basis. Denn was Sie sich bildlich vorstellen können, können Sie auch umsetzen. Bevor ein Haus gebaut wird, entsteht die Idee dafür auch erst einmal im Kopf des Architekten.

Woher kommt Ihre Anspannung? Falls Sie mehr Arbeit auf dem Tisch haben, als Sie bewältigen können, sind Sie unterschwellig voller Sorge, dass sich früher oder später bei einer der vielen Teilaufgaben ein Fehler einschleichen könnte. Oder haben Sie täglich mit Abgabeterminen zu tun, die Ihnen zeitlichen Druck verursachen? Oder sind es zwischenmenschliche Belange, die Ihnen Unbehagen bereiten? Hat Ihr Chef einen schlechten Führungsstil? Gibt es innerhalb des Teams Schwierigkeiten? Fühlen Sie sich vom Arbeitgeber ausgenutzt, unterbezahlt oder überlastet? Passieren Ihnen als Chef neuerdings Fehler? Bleiben die Aufträge oder die Kunden aus? Graut es Ihnen vor dem anstehenden Vortrag? Bereitet Ihnen Kritik großes Unbehagen?

Für all diese Probleme gibt es praktische und pragmatische Lösungsansätze. Sie tragen Namen wie „dickes Fell zulegen", „Vorbereitung", „abschalten", „Entspannung", „Urlaub", „Struktur", „Abgrenzung", „Auftreten", „Kommunikation", „Neuorientierung" oder „Jobwechsel". Wie gesagt: Es sind Ansätze, die Ihnen vermutlich auch nicht neu sind. Und obwohl die Lösung für das Problem auf der Hand zu liegen scheint, stecken Sie in einer Situation, in der es Ihnen an Gelassenheit mangelt.

Was also hat es Ihrer Meinung nach ermöglicht, dass ein angespannter Zustand bei Ihnen eintreten konnte, und das womöglich schon zum wiederholten Mal? Was genau bräuchten Sie, um den Faktor „Stress" von sich fernzuhalten und stattdessen zu innerer Ruhe zu gelangen?

Innere Ruhe ist gleichzusetzen mit Zuversicht, (Selbst-) Vertrauen, Zufriedenheit und Mut bzw. Gleichmut in der jeweils richtigen Dosis zu den jeweils richtigen Momenten. Dabei gilt es zu beachten, dass wahre Gelassenheit ausschließlich von Ihnen selbst und Ihrer inneren Einstellung ausgeht. Nichts und niemand kann Ihnen Gelassenheit schenken – außer Sie sich selbst.

# So wie Sie denken, so leben Sie

▸ „Mir wird schon ganz anders, wenn ich nur dran denke!"

▸ „Wenn ich daran zurückdenke, werde ich ganz wehmütig."

▸ „Wenn ich im Nachhinein so darüber nachdenke, könnte ich aus der Haut fahren vor Wut!"

Wissen Sie was? Dann lassen Sie's! Was nützt Ihnen das ganze Grübeln über Vergangenes oder Zukünftiges, wenn es nichts weiter mit Ihnen anstellt, als Ihnen Ihre Unbeschwertheit zu nehmen? Schauen Sie sich doch einmal um: Gibt es jetzt und hier etwas, das Sie wehmütig oder sauer werden lässt? Wenn ja, dann verändern Sie – wenn möglich – das, was Sie stört. Aber was passé ist, ist definitiv unveränderbar und braucht heute Ihre Gefühle nicht mehr zu beeinflussen. Es sei denn, Sie wollen es so.

Das Gesetz der Schwerkraft kennen Sie: Sie werfen etwas hoch und es fällt auf den Boden – Erdanziehung. Sind Sie auch mit dem Gesetz der Resonanz vertraut? Das Gesetz geht in etwa so: Sie denken, Sie verpassen Ihren Zug – und tatsächlich ist er ausnahmsweise pünktlich und verlässt den Bahnhof ohne Sie. Oder Sie haben gehört, dass man in Manhattan kein Taxi bekommt. Wenn Sie's glauben, werden in der Tat sämtliche Taxen an Ihnen vorbeifahren – sogar die, die eigentlich frei sind! Es gibt keinen erfolgreichen Menschen, der nicht gedanklich auf Erfolg fokussiert ist und auch daran glaubt. Und gelassene Menschen lassen auch nur gelassene und wohltuende Gedanken zu.

Der Zweifel am Gelingen macht Ihnen immer einen Strich durch die Rechnung. Nur ein einziger zweifelnder Gedanke und Ihr Ziel schnellt zurück in weite Ferne – als wäre es an ein gespanntes Gummiband befestigt.

Was glauben Sie: Würde ein Hochspringer bei den Olympischen Spielen jemals denken: „Ach was, das klappt ja eh nicht – viel zu hoch"? Wohl eher nicht. Topschwimmerin Britta Steffen war zeitweise von Selbstzweifeln und aufgrund eines traumatischen Schwimmerlebnisses in der Kindheit so blockiert, dass sie nicht in der Lage war, bei Wettkämpfen über eine gewisse Mittelmäßigkeit hinauszukommen, obwohl sie im Training Bestzeiten schwamm. Erst ein gezieltes Mental Coaching konnte ihre Blockaden lösen und vor allem ihre Gedankenmuster überarbeiten. Der Autor Harv T. Eker hat es in seinem Buch „So denken Millionäre" so dargestellt:

Gedanke → Gefühl → Aktion = Ergebnis

Ihre Art zu denken ruft Gefühle hervor. Diese Gefühle treiben Sie zu der Entscheidung an, entweder etwas zu tun oder etwas zu lassen, und beides hat immer ein Ergebnis zur Folge, also einen Er*folg*. Erfolg ist daher ein relativer Begriff.

## Die richtige Einstellung

*Gedanke: „Ich schaffe das nicht" → Gefühl: Resignation → Aktion: Sie handeln wie gelähmt, wenn überhaupt = Ergebnis: Sie scheitern oder Sie verpassen eine Chance.*

> *Gedanke: „Ich versuche das"* → *Gefühl: Mut* → *Aktion: Sie handeln = Ergebnis: 50/50-Chance, dass Ihr Vorhaben klappt, plus 100 % Chance, dass Sie um eine Erfahrung reicher sind.*
>
> *Gedanke: „Ich weiß, dass ich es kann, und verlasse mich darauf, dass es klappt"* → *Gefühl: Zuversicht* → *Aktion: Sie handeln mit voller Power = Ergebnis: Sie erhalten 100 %.*

Wenn Sie etwas *von Herzen* wollen (und nicht etwa, weil Ihr Verstand Ihnen sagt, dass Sie es wollen sollten), wenn Sie vollkommen zweifelsfrei alles in Ihrer Macht Stehende dafür tun und Ihre ganze Leidenschaft einsetzen, dann wird Ihnen Ihr Vorhaben 100%ig gelingen.

Ich glaube, es gibt keinen „Pechvogel", der nicht innerlich schon auf das nächste Unglück vorbereitet wäre. Manch einer lauert förmlich darauf! Diese Leute sagen gern kokette Dinge wie „typisch ich" oder „das kann auch nur mir passieren" oder „Tollpatsch ist mein zweiter Vorname". Hier wird gespielte Selbstironie vorgeschoben, um ein schwaches Selbstbild zu verbergen.

Doch was war nun zuerst da: das Ei oder das Huhn? Hatte der arme Tropf erst all das Pech und wurde dadurch so pessimistisch oder wurden wiederholte Missgeschicke erst durch seine unterschwelligen Erwartungen hervorgerufen? Das eine bedingt vermutlich das andere. Sich allerdings in die Opferrolle zu begeben und das Pechvogel-Dasein als Schicksal zu akzeptieren, ist töricht.

Fakt ist: Wenn Sie sich mit einem Thema beschäftigen, nehmen Sie die Dinge, Menschen und Umstände, die damit zu tun haben, eher wahr als die Dinge, die nicht zu diesem Thema passen. Wenn ich mich neu einrichten will, fallen mir plötzlich Möbelhäuser und Prospekte für Deko-Artikel auf, die es zwar vorher auch gab und die auch zuvor schon in meinem Postkasten als Werbeflyer gelandet waren, nur habe ich sie nicht wahrgenommen, weil mir das Thema zu einem anderen Zeitpunkt nicht wichtig war. Im Klartext: Wenn ich zuversichtlich und positiv denke, kann mir zwar trotzdem auch einmal etwas Unangenehmes widerfahren, *aber*: Ich messe dem keine größere Bedeutung bei! Denken Sie jedoch pessimistisch und misstrauisch, entgeht all das Gute Ihrer Wahrnehmung, weil Sie nur auf das konzentriert sind, was Ihren Pessimismus als berechtigt bestätigt. Und so geschieht es, dass derjenige mit typischer „Pechvogel-Attitüde" oft Unglück anzieht und Optimisten irgendwie immer „Schwein haben".

„Wie man in den Wald hineinruft, so schallt es heraus." Im Hinduismus spricht man von Karma, in der Bibel steht „Was du säst, wirst du ernten", der Amerikaner sagt „What goes around, comes around" und Martin Luther befand: „Du bist heute, was du gestern gedacht hast." Mit anderen Worten: Was Ihnen durch den Kopf geht, kreiert Ihre Realität. Bevor Sie etwas Schlechtes erleben, wird der passende Magnet dafür zuvor durch Ihre Gedanken oder Erwartungen geschaffen.

Wenn Sie morgens ins Büro gehen und erwarten, dass der Tag ein Trauerspiel wird, können Sie zwar nicht enttäuscht werden, Sie haben die Weichen allerdings auch von vornherein so gestellt, dass die Chancen auf positive Überraschungen gegen Null gehen. Und selbst wenn doch etwas Erfreuliches geschieht, geht dies still und unbemerkt an Ihnen vorbei.

Was Ihr Unterbewusstsein mit Ihnen anstellt, merken Sie an den Auswirkungen. Ad hoc können Sie das Unbewusste genau so wenig steuern wie Ihren Stoffwechsel oder den Blutdruck, denn es läuft unbemerkt im Hintergrund. Was Sie aber jederzeit steuern können, sind die Rahmenbedingungen, die zu einer Umprogrammierung des Unterbewusstseins führen. Und das beginnt mit der Wahl Ihrer Gedanken.

> Die Gedanken sind frei! Hier macht jeder, was er will, sofern er denn weiß, was er will.

## Der innere Saboteur

Gehen Sie auf Entdeckungsreise: Erforschen Sie Ihr unbewusstes Programm, das dafür zuständig ist, Sie auf die Palme zu bringen, Ihnen Minderwertigkeitsgefühle zu bescheren oder Sie auszubremsen. Welche sind Ihre Negativgedanken, die „Bremsklötze" und pessimistischen Erwartungen, die Sie automatisch mit dem Wort „Beruf" verknüpfen? Worte wie „leicht", „mühelos", „angenehm", „wie von selbst", „wohlfühlen" oder „voller Freude" sind es vermutlich eher nicht. Kann das sein?

### Steffen R., 35, Produktkoordinator

*Seit ich denken kann, gibt es in meinem Umfeld immer irgendwen, der mir das Leben schwer macht. Es ist wie verhext! Ich habe inzwischen in vier unterschiedlichen Firmen gearbeitet, habe Erfolge erzielt und mag meinen Job eigentlich. Aber nach wenigen Wochen schon entpuppt sich*

> *immer einer der Kollegen als unsozialer Egomane, der mit allen Mitteln versucht, mir den Arbeitsalltag madig zu machen. Ich weiß jetzt schon, dass beim nächsten Jobwechsel wieder so ein Idiot auftaucht, der nur Ärger macht.*

Warum machen es sich so viele Menschen selbst so schwer, in dem sie von vornherein das Schlimmste befürchten oder ahnen? Das Wunderbare ist doch, dass wir, sofern unsere Psyche gesund ist, immer nur das Erleben, was wir letztendlich auch ertragen können, und es ist meistens nur die Sorge im Vorfeld, die alles so schwierig und kompliziert macht. Überlegen Sie doch einmal: Gab es je etwas in Ihrem Leben, mit dem Sie letzten Endes nicht halbwegs zurechtgekommen sind? Antwort: Nein, gab es nicht. Immerhin sitzen Sie hier und lesen!

Gehen Sie in sich und prüfen Sie Ihre unterschwelligen Prophezeiungen. Erwartungen bestätigen sich nahezu immer (Ausnahme: die Party, zu der Sie ursprünglich gar nicht gehen wollten und die nun doch ein Kracher ist).

> *Alles*, was Sie bisher kannten, kann sich *jederzeit* ändern.

| Überprüfen Sie sich: Was erwarten Sie von Ihrem Berufsalltag? | |
| --- | --- |
| ▸ Termindruck | ✓ |
| ▸ Unkollegiales Verhalten | |
| ▸ Stress & Hektik | |
| ▸ Einen Chef mit schlechtem Führungsstil | |

| Überprüfen Sie sich: Was erwarten Sie von Ihrem Berufs-alltag? | |
|---|---|
| ▸ Inkompetente Mitarbeiter | |
| ▸ Perfektionismus | |
| ▸ Leistungsdruck | |
| ▸ Versagensangst | |
| ▸ Genervte und gestresste Kollegen | |
| ▸ Beschwerden von Kunden | |
| Führen Sie die Liste gedanklich fort. | |

## Kennen Sie diese Sätze? Prüfen Sie:

▸ *Irgendeinen Idioten gibt's in jedem Team.*

▸ *Mein Chef ist mir überlegen und mehr wert als ich.*

▸ *Irgendwann fliegt auf, dass ich gar nicht gut genug bin.*

▸ *Das, was ich leiste, können andere viel besser.*

▸ *Stress ist normal und gehört irgendwie dazu.*

▸ *Es nervt, dass ich mich immer rechtfertigen muss.*

▸ *Komisch, dass immer ich Opfer von Intrigen werde.*

▸ *Wer erfolgreich sein will, muss sich anstrengen.*

▸ *Wir leben in einer Ellenbogengesellschaft.*

▸ *Survival of the fittest. Der Stärkste überlebt.*

▸ *Ich mache drei Kreuze, wenn diese Woche vorbei ist.*

▸ *In meiner Position gehört Multitasking einfach dazu.*

▸ *In meiner Branche ist Termindruck völlig normal.*

▸ *Meine Branche bezahlt halt nicht besonders gut.*

▸ *Tja, die Wirtschaftskrise merkt wohl jeder.*

Falls Ihnen hiervon etwas mächtig vertraut vorkommt, überlegen Sie jetzt, woher diese Aussage eigentlich stammt: Haben Sie sich diese Meinung aus der eigenen Erfahrung heraus gebildet und haben Sie diesen Gedanken selbst formuliert oder haben Sie ihn von anderen übernommen?

So oder so: Es ist höchste Zeit für Sie, Ihr Sabotageprogramm zu löschen. Beginnen Sie damit, Ihre Wortwahl und die dazugehörigen Gedankenbilder genauer zu beleuchten, denn das, was wir sagen, wird zuvor gedacht und alle unsere Gedanken sind an Bilder gekoppelt, die in unserem Gehirn mit Eigenschaften wie „schön", „unangenehm", „peinlich", „gefährlich" etc. versehen sind. Für die Wörter „nicht" und „kein" produziert unser Gehirn aber weder ein Bild noch eine Eigenschaft, sodass ausschließlich der Rest des Satzes gedanklich abgebildet werden kann.

### Probieren Sie:

*Denken Sie jetzt NICHT an ein leuchtend grünes Elefantenbaby und bitte auch den ganzen Tag über NICHT!*

Und schicken Sie mir unbedingt eine Mail, wenn Ihnen das gelingt! Ich muss Sie kennen lernen!

Welch eine Herausforderung für Ihr mentales Ausschlussverfahren!

Ich selbst habe vor einigen Jahren eine bereichernde Erfahrung gemacht, die zunächst allerdings so gar nicht zu meinem Selbstbild und meinem Image als „Ostersonntags-kind", „Sonnenschein" und „Glückspilz" passen wollte. Es war ein Erlebnis, das mich dazu brachte, mich intensiv mit dem Thema „Resonanzgesetz" und mit der Kraft (unbe-wusster) Visualisierungen auseinanderzusetzen.

Ich war schwanger und rundherum glücklich. Und ich hatte mir fest vorgenommen, *auf gar keinen Fall im Kranken-haus"*, sondern in einem Geburtshaus zu entbinden. Ich war überzeugt davon, dass *„all die medizinischen Geräte, der sterile Geruch und diese ganze Klinikatmosphäre in grünlichem Blau oder bläulichem Grün"* nichts für mich seien (ungeachtet der Tatsache, dass Kreißsäle heutzutage „Geburtszimmer" heißen und sowieso nicht mehr klinisch gestaltet sind). Ich wusste also exakt, was ich *nicht* wollte, und sah detailliert vor mir, was es meines Erachtens zu vermeiden galt: kühle Kacheln, Monitore, Schläuche, Tropf, Mundschutz etc. Warum ich ausgerechnet dieses Bild vor Augen hatte, statt des behaglichen Geburtshauses, kann ich heute nicht mehr sagen.

Um das Ganze abzukürzen: Die Schwangerschaft endete wegen einer akut lebensbedrohlichen Schwangerschafts-vergiftung zehn Wochen zu früh mit einem Notkaiser-schnitt, und der „Kreißsaal" präsentierte sich mir in Form des OP-Raums, wie ich ihn mir zuvor in meiner Fantasie ausgemalt hatte: Kacheln, Mundschutz, Vollnarkose, Schläuche. Zack!

Zu Ihrer Beruhigung kann ich Ihnen nun mitteilen, dass unsere Tochter fit und gesund ist, und dass sich mein inne-res „Glückskind" wieder verselbstständigt hat.

## Michael H., 52, Unternehmensberater

*Ich bin jahrelang zur Arbeit gependelt und stand zu den entsprechenden Stoßzeiten regelmäßig im Berufsverkehr. Das gehörte für mich dazu. Als wir einmal mit dem Auto in den Urlaub fahren wollten, sagte ich noch zu meiner Frau: „Hoffentlich stehen wir nicht so ewig lange im Stau …" und ich hatte dabei sofort dieses Bild im Kopf: Bremslichter, gesäumt von Landschaft, geöffnete Fahrertüren und Menschen, die nach vorn guckten, um zu erspähen, wann es endlich weiterginge. Wir waren alle völlig mit den Nerven fertig, als wir alle Staus hinter uns gelassen hatten und nach Ewigkeiten an der Nordsee angekommen waren.*

Wenn Sie Ihr Gehirn an Formulierungen mit „nicht" und „kein" gewöhnt haben, werden die Bilder, die zu den Formulierungen gehören, zu sich selbst erfüllenden Prophezeiungen („self-fulfilling prophecy" nach Robert K. Merton). Ihre Gedanken führen zu Handlungen, Impulsen oder auch Unterlassungen, die genau das real werden lassen, was Sie sich bildlich vorstellen und woran Gefühle in Form von Angst oder (Vor-)Freude gekoppelt sind. Und Ihnen kommt es dann so vor, als sei das, was Sie erleben, *Schick*sal (es wird Ihnen von irgendwo ge*schickt*) oder purer *Zufall* (es *fällt* Ihnen irgendwie *zu*).

Woran Sie letztendlich glauben, ob an Gott, Zufall, Feng Shui, Karma oder Quantenphysik, ist hierbei unerheblich. Denn wie Sie es auch drehen und wenden:

Gute Gedanken, können nichts anderes als Mut machen, und pessimistische Gedanken können nichts anderes als bremsen und verunsichern.

## *Lesen Sie die folgenden Sätze laut*

1. *Hoffentlich haben wir keinen Stau!*

2. *Hoffentlich regnet es nicht.*

3. *Lass den Kopf nicht hängen.*

4. *Ich hoffe, wir haben nichts Wichtiges vergessen …?*

5. *Ich fürchte, ich bekomme keinen Urlaub.*

6. *Vergiss nicht, einen Termin zu vereinbaren.*

7. *Lassen Sie sich nicht unterkriegen!*

8. *Hoffentlich vergesse ich meinen Text nicht.*

9. *Mir hört bestimmt wieder keiner richtig zu.*

10. *Ich will die Präsentation auf keinen Fall vermasseln.*

11. *Ich will nicht, dass du mich ständig unterbrichst.*

Sehen Sie die Situationen vor sich? Die lange Autoschlange? Regenschirme? Arbeit statt Urlaub? Blackout?…

## Formulieren Sie die Sätze jetzt neu, ohne den Sinn zu verändern!

*Lassen Sie zunächst die Gedankenbilder von vorhin los und kreieren Sie stattdessen den Optimalfall dieser Situationen. Dann formulieren Sie die Sätze positiv. Beispiel: „Bitte: freie Fahrt!"*

Streichen Sie die Wörter „nicht" und „kein" weitestgehend aus Ihrem Vokabular. Ersetzen Sie die Ausdrücke „ich *sorge* dafür, dass ..." durch „ich *achte* darauf, dass ..." und „be*sorgen*" durch das Wort „be*schaffen*". **!**

Es ist wichtig, dass Sie darauf achten, womit Sie täglich ihre mentalen Akten füllen! Ihr Gehirn wird logischerweise nur auf die Informationen zurückgreifen, die erstens vorhanden und die zweitens bequem zu greifen sind. Das Gehirn läuft mit einem ausgetüftelten Energiesparprogramm, das ungern Detektiv spielt und das noch weniger gerne im Verborgenen herumforscht. Das Gehirn findet die Informationen zugreifenswert, die oben auf liegen! Wenn sich hier in erster Linie ein negativer und wenig blumiger Wortschatz befindet und Ihre Bilddateien hauptsächlich aus Angst, Schrecken, Schicksalsgeschichten, Mord und Totschlag bestehen – Bilder, die gerne von den Medien transportiert werden –, dann hat Ihr Gehirn ganze Arbeit zu leisten, wenn es Sie unterstützen und bestärken soll.

Seien Sie lieber wählerisch mit dem, was Sie an Informationen und an Bildern konsumieren!

**Auf den Punkt gebracht:**

▸ Gelassenheit bedeutet, alle Bedürfnisse erfüllt zu bekommen und loszulassen.

▸ Unterschwellige Erwartungen oder Befürchtungen führen zu Gedankenbildern, die durch die Realität bestätigt werden.

▸ Ihr innerer Saboteur blockiert Ihr Potenzial!

▸ Eine achtsame Wortwahl führt zu guten Erlebnissen.

# Mangelgefühle

Zuversichtliche Gelassenheit kann nur dort von Dauer sein, wo Mangelgefühle kurzlebig, selten oder gar nicht vorhanden sind. Denn Mangel empfinden wir als schlimm und bedrohlich, weil wir das Gefühl haben, dass uns etwas, was uns wichtig ist, nicht in ausreichendem Maße zur Verfügung steht. Mangelgefühle beziehen sich meistens auf Geld, Zeit, Erfolg, Respekt oder liebevolle Anerkennung. Wenn sich einmal ein solches Gefühl eingeschlichen und als „Mangelerwartung" manifestiert hat, ist es hilfreich, täglich ein paar kleine Übungen zu machen, um dieses blockierende Muster aufzubrechen.

Haben Sie für Ihre Aufgaben zu wenig Zeit? Muss immer alles schnell-schnell gehen? Fühlen Sie sich mit der Ihnen zugeteilten Aufgabe überfordert? Sie können den Mut nicht aufbringen, „Stopp" oder „Nein" zu sagen? Sie glauben, Sie säßen nicht sicher genug im Sattel, um sich das leisten zu können? Sie fürchten, im Unrecht zu sein, wenn Sie es wagen, eine Aufgabe abzulehnen? Sie wissen genau, was Ihnen fehlt, und bedauern dies zutiefst? Sie wünschen sich, dass sich die Situation entspannt? STOPP!

Damit sich ein solcher Wunsch, eine solche Sehnsucht überhaupt entwickeln kann, müssen zuvor erst einmal dauerhafte Anspannung und das *Fehlen* von Entspannung und Balance wahrgenommen werden. Und wenn Sie das in der Vergangenheit ständig getan haben – und *nur* das –, findet jetzt auch *nur* das in Ihrem Leben statt – jedenfalls nehmen Sie nur dies wahr.

> Das, was Sie *wahrnehmen*, *nehmen* sie als *Wahr*heit
> an. Das, was sich in Ihrem Leben aufgrund Ihrer Er-
> wartungen be*wahr*heitet, nehmen sie *wahr*.

### Lenken Sie sich vom Mangelgedanken ab!

*Stellen Sie sich hin und schließen Sie die Augen. Nehmen
Sie ein riesiges, imaginäres Füllhorn in den linken Arm. Mit
der rechten Hand schmeißen Sie nun gedanklich voller Elan
und mit Schwung alles hinein, was Sie erhellt und worüber
Sie sich freuen würden. Alles ist erlaubt: Geschenke, Zeit
ohne Ende, Gehaltserhöhung, dichtes Haar, Lob, Beförderung, Gelassenheit, 500-Euro-Geldscheine, ein neuer Kollege, Harmonie, Urlaub in der Südsee, vollkommene Gesundheit und Kraft, Erfolg bei der Präsentation, ein
entspannter Chef, umsichtige und motivierte Mitarbeiter,
Applaus und Standing Ovations … Der Fantasie sind keine
Grenzen gesetzt. Alles, was Ihnen Spaß und einen Power-
Push bereiten würde, kommt in dieses Füllhorn. Wenn
Ihnen nichts mehr einfällt, tun Sie so als nähmen Sie es mit
beiden Händen und schütten es über sich aus. Machen Sie
diese kurze aber effektive Übungseinheit täglich.*

Mangelgedanken, ade!

## Zu wenig Zeit

Wenn das Ihr Thema ist, haben Sie früher sicherlich oft
gehört oder irgendwie das Gefühl gehabt, dass Sie sich
beeilen und nicht trödeln sollen, dass Sie schon wieder

die/der Letzte sind, dass Sie die anderen nicht immer warten lassen sollen. Sie sind mit Zeitdruck aufgewachsen – entweder durch andere ausgelöst oder durch Ihr eigenes Empfinden. Zeitdruck empfinden Sie zwar als unangenehm, aber dennoch als selbstverständlich.

## Formulieren Sie eine Absicht!

*Verabschieden Sie sich genau jetzt von diesem Zeitdruck. Legen Sie das Buch für 30 Sekunden zur Seite:*

*„Ich beabsichtige Folgendes: Ich bin jederzeit entspannt bei allem, was ich tue." Oder: „Ich wünsche mir Folgendes: Ich fühle, dass ich stets ausreichend Zeit zur Verfügung habe."*

Die Einleitungen „Ich beabsichtige" oder „Ich wünsche mir" dienen dazu, Ihrem Gehirn zu signalisieren: „Jawohl, das, was ich sage, ist die Wahrheit, denn ich beabsichtige oder wünsche mir tatsächlich etwas." Dann formulieren Sie den Satz so, als sei der Zustand bereits eingetroffen. Ohne die Einleitung würde Ihr Gehirn sofort merken, dass an der Aussage etwas faul ist, und sofort Zweifelgedanken dagegensetzen. Mit der Einleitung jedoch muss die Aussage vom Gehirn nicht hinterfragt werden.

Erkennen Sie sich dafür an, dass Sie immer Ihr Bestes tun, um pünktlich zu einem Termin zu erscheinen und Ihre Arbeit fristgerecht abzuliefern. Klagen Sie sich nicht an, wenn Ihnen dies einmal nicht gelingt. Stattdessen achten Sie lieber darauf, Ihr Team, Ihren Chef oder sonst jemanden rechtzeitig über den Verzug zu informieren damit ggf. jemand zur Hilfe schreiten kann.

## Zur richtigen Zeit am richtigen Ort

*Nehmen Sie „vergeudete" Zeit ab jetzt als „Zeitgeschenk" wahr. Wann immer Sie sich bisher ausgebremst fühlten – sei es durch rote Ampeln, ungeschickt einparkende Autofahrer vor Ihnen, bummelnde Fußgänger, Papierstau oder leere Druckerpatronen –, denken Sie ab jetzt jedes Mal, wenn so etwas passiert: „Alles fügt sich für mich gerade genau richtig und ich muss nicht verstehen, wie und warum." Dann atmen Sie fünf- bis zehnmal bewusst ein und aus, damit sich zum Gesagten tatsächlich auch eine innere Ruhe einstellt. Konzentrieren Sie sich auf das Ausatmen.*

Dieses Umdenken mag Ihnen zunächst schwerfallen und geradezu zynisch vorkommen. Ihr Körper ist in Situationen wie diesen noch ungeübt und noch immer auf „Flucht" oder „Angriff" gepolt. Messen Sie dem nicht allzu viel Bedeutung bei. Das erledigt sich mit etwas Übung nach einer Weile.

### Carsten D., 32, Web-Designer

*Ich habe mir angewöhnt, meine Absichten und Wünsche in den abwegigsten Situationen zu äußern. Egal, ob ich einen Parkplatz in Berlin Mitte suche oder gerade drauf und dran bin, meinen Zug zu verpassen: Ich sage oder denke mir: „Jetzt brauche ich Glück, bitte! Ich wünsche mir: Gleich direkt vor mir fährt einer aus seiner Parklücke raus." Oder: „Jetzt brauche ich Glück, bitte! Ich wünsche mir: Mein Zug hat Verspätung." Es klappt perfekt.*

Das Gute an dieser Vorgehensweise ist, dass Sie sich angewöhnen, das Gute, Hilfreiche und Leichte zu erwarten. Visualisieren Sie! Sehen Sie sich selbst vor sich, wie Sie während der Arbeit kurzen Tagträumen nachhängen dürfen, genügend Zeit haben, um mit Genuss einen Kaffee oder Tee zu trinken oder wie Sie sich die Zeit für einen kurzen Plausch unter Kollegen nehmen, ohne dass Sie dabei mit Ihrer Arbeit in Verzug geraten. Träumen Sie davon und ändern Sie Ihre Erwartungshaltung:

**„Ich bestimme Folgendes: Ich arbeite ganz in Ruhe."**

Wenn mangelnde Zeit ihr Gelassenheitsproblem ist, dann nehmen Sie ab heute auch die kleinen (Fort-)Schritte wahr: Nehmen Sie es dankbar wahr, wenn Sie etwas in Ruhe tun, ohne sich gehetzt zu fühlen. Es gibt immer irgendwelche Handlungen in Ihrem Alltag, die Sie ganz selbstverständlich in Ihrem eigenen Tempo tun. Beginnen Sie damit, dies als Wahrheit zu akzeptieren, und richten Sie ab jetzt Ihren Fokus darauf. Sie werden merken, dass Sie Stück für Stück immer mehr ohne Eile tun „dürfen", ohne das Gefühl zu bekommen, Sie würden Zeit verlieren. Sie werden automatisch souveräner und kompetenter wirken und sich dabei gleichzeitig ruhig und gelassen fühlen. Dadurch, dass Sie den Fokus darauf richten, schaffen Sie Stück für Stück eine innere Umprogrammierung, die sich auch auf Ihr sonstiges Leben überträgt. Dies kann sich schon innerhalb weniger Tage bemerkbar machen. Doch gehen Sie mit Geduld und ohne Zeitdruck an diese Übung heran!

# Zu wenig Struktur

Wie strukturiert arbeiten Sie? Es ist wichtig, die eigene Arbeitsstruktur regelmäßig zu überprüfen und zu kontrollieren. Eine reguläre Arbeitsstruktur führt zu Zeitersparnis und Klarheit und verhilft Ihnen zu mehr Gelassenheit.

Was hindert Sie daran, sich mit Hingabe auf das zu konzentrieren, was Sie gerade tun wollen? Hören Sie auf, sich ablenken zu lassen! Nehmen Sie sich fest vor, immer alles so gut zu machen, wie Sie nur können. Immer! Geben Sie jederzeit Ihr Bestes. Ihr Bestes muss auch nicht jeden Tag auf exakt demselben Level sein, aber doch wenigstens in etwa.

Wenn es Ihnen an Konzentrationsfähigkeit oder an Ruhe für konzentriertes Arbeiten mangelt, wird Ihnen Struktur im Büro sehr hilfreich sein. Lassen Sie den Tag wenigstens mit einem festen Ablauf *beginnen*. Erlauben Sie sich, den Morgen so anlaufen zu lassen, dass Ihnen der Tagesbeginn einen Gelassenheitsvorsprung verschafft. Später dehnen Sie die Struktur bis zum Mittag aus, dann bis zum Nachmittag, bis Sie schließlich so weit sind, dass Sie Ihren Arbeitstag selbstbestimmt gestalten.

| Durch welche Faktoren lassen Sie Ihre persönliche Struktur stören? | |
| --- | --- |
| ▸ Newsletter via E-Mail | ✓ |
| ▸ Werbemails | |
| ▸ Private E-Mails | |
| ▸ Neuigkeiten auf Facebook/LinkedIn/Xing etc. | |
| ▸ Meetings, die später starten als vereinbart | |

| Durch welche Faktoren lassen Sie Ihre persönliche Struktur stören? | |
|---|---|
| ▸ Meetings, die länger dauern als vereinbart | |
| ▸ Meetings, denen Sie beiwohnen, obwohl der Sie betreffende Part bereits abgehakt ist. | |
| ▸ Plaudereien und Diskussionen in Meetings, die nicht zum Brainstorming bestimmt waren. | |
| ▸ Geschwätziger Besuch im Büro | |
| ▸ Gesellige Kollegen | |
| ▸ Telefonate | |
| ▸ Festnetz und Handy klingeln gleichzeitig | |
| ▸ Anrufer, die offenbar mehr Zeit haben als Sie | |
| Erkennen Sie sich wieder? | |

### Karen F., 27, Volontarin

*Ich bin ein typischer Kandidat fürs Verzetteln. Ich habe ewig lange To-do-Listen, Notizzettel mit Rückrufnummern und und und … Ständig reißt mich das Telefon aus meiner Arbeit oder ich breche die Mail, die ich gerade tippen wollte, ab, um zu sehen, welche neue Mail mit rotem Rufzeichen da gerade angekommen ist. Ein Albtraum!*

## Gelassen bleiben mit mehr Struktur

▸ *Bleiben Sie telefonisch unerreichbar, während Sie morgens die ersten Mails checken.*

▸ *Machen Sie eine To-do-Liste und ordnen Sie Aufgaben nach wichtig und dringlich. Merke: Nicht alles, was dringlich ist, ist auch wichtig. Manches erledigt sich von selbst.*

▸ *Erledigen Sie nach dem Ordnen der Mails das unange-nehmste Telefonat zuerst. Denn solange Sie dieses im Hinterkopf haben, bremsen Sie sich selbst.*

▸ *Sobald Sie dieses Gespräch hinter sich gebracht haben, leiten Sie Telefonate auf die Mailbox um und widmen sich 20 Minuten lang hoch konzentriert einem der Punk-te auf der Wichtig-Liste. Dabei schließen Sie – wenn möglich – die Bürotür.*

▸ *Nach 20 Minuten checken Sie eingegangene Telefonate und reagieren nur auf die Anrufe, die mit der bereits angefangenen Aufgabe zu tun haben. Alles andere muss vorerst auf Sie warten.*

▸ *Bringen Sie das zu Ende, was Sie begonnen haben, und machen Sie im Anschluss daran eine Atempause im wahrsten Sinne, bevor Sie sich der nächsten Aufgabe widmen.*

▸ *Gewöhnen Sie sich an, vor Beginn eines Meetings in Erfahrung zu bringen, ob es tatsächlich pünktlich be-ginnt. Sie müssen nicht 15 Minuten lang mit den Kolle-gen im Konferenzzimmer sitzen, wenn Sie in der Zeit Wichtigeres erledigen können.*

▸ *Wenn Sie feststellen, dass der weitere Verlauf des Mee-tings mit Ihrem Job-Bereich nicht mehr direkt in Verbin-dung steht, erklären Sie der Runde, dass Sie sich jetzt von der Besprechung verabschieden, falls Ihre Anwe-senheit nicht mehr vonnöten ist.*

▸ *Entscheiden Sie sich dazu, im Büro nur unter Ihrer Fest-netznummer erreichbar zu sein. Schalten Sie das Handy aus oder wenigstens auf stumm und stecken Sie es zu-sätzlich in eine Tasche, damit Sie nicht ständig von blin-kenden Leuchtdioden abgelenkt werden.*

▸ *Sorgen Sie dafür, dass Sie nur die Mails bekommen, die Sie auch bekommen wollen. Alles andere sollte automa-tisch im Spam-Ordner landen. Richten Sie Ihren Out-look-Account entsprechend ein.*

▸ *Lassen Sie sich aus allen Verteilerkreisen löschen, die Sie von der Arbeit abhalten.*

▸ *Oftmals genügt es, in einer Antwort-Mail „Ja", „Nein" oder „Danke" zu schreiben. Merke: K.I.S.S. – keep it short & simple. Sobald eine Mail länger als fünf Sätze ist, prüfen Sie, ob Sie vier davon nicht wieder streichen können. Sobald Ihr Satz mehr als zwölf Wörter enthält, kürzen Sie ihn.*

▸ *Eine Mail mit „Ich melde mich hierzu bis spätestens morgen Mittag" zeigt dem Empfänger, dass an seinem Anliegen gearbeitet wird, und Ihnen gibt es einen zeitli-chen Puffer. Falls „morgen Mittag" zu spät ist, werden Sie dies von demjenigen früh genug erfahren.*

▸ *Überlegen Sie, ob eine Frage, die in einer Rundmail gestellt wird, tatsächlich auch beantwortet werden muss und wenn ja, ob Sie dies übernehmen müssen.*

▸ *Räumen Sie vor dem Heimweg Ihren Schreibtisch auf und widmen Sie fünf Minuten Ihrer Zeit einem To-do-Entwurf für den nächsten Morgen.*

Niemand muss permanent erreichbar sein und gleichzeitig jedem zur freien Verfügung stehen. Auch Sie
nicht.

Wenn Sie diese Strukturierungstipps beachten und sich ein
solches Vorgehen zur Gewohnheit machen, werden Sie
merken, dass Sie schnell ein Mehr an Konzentration und
Ruhe hinzugewinnen und dafür in anderen Situationen
mehr Flexibilität und Kapazität parat haben. Ein gewisses
Talent zum Multitasking ist sicherlich nicht schlecht. Aber
übertreiben Sie es nicht. Bevor Sie mehrere Dinge gleichzeitig tun, sollten Sie sich erst einmal einen Überblick ver-
schaffen, was überhaupt anliegt. Diesen bekommen Sie
aber nur, wenn Sie sich dafür vorerst auf nur eine Sache
konzentrieren: den Überblick nämlich.

## Zu wenig Entspannung

Arbeiten Sie in einem Umfeld, in dem Extremleistungen
gefordert sind? In manchen Branchen sind 16-Stunden-
Tage mehr oder weniger normal, Wochenend- und Nacht-
schichten gehören dort zum guten Ton. Sind Sie ange-
spannt, weil Sie die Beförderung und die Gehaltserhöhung
brauchen, der Kollege aber die besseren Ergebnisse ablie-
fert? Wenn ein Unternehmen massive Umsatzeinbußen
hat, ist es nichts Ungewöhnliches, dass Druck an die Mitarbeiter abgegeben wird, es ist sogar der Regelfall. Daran
werden Sie kaum etwas ändern. Aber haben Sie sich schon
einmal überlegt, wie lange Sie dieses „Spiel ohne Entspan-

nung" mitmachen wollen? Noch ein Jahr? Fünf Jahre? Länger?

Um sich zu jeder Zeit innerlich entspannen zu können, schließen Sie zunächst einmal „Frieden" mit der aktuellen Situation, indem Sie einen ganz bestimmten Energiepunkt an der Handkante (s. S. 61) klopfen und sich bewusst machen:

**„Obwohl ich mich von einer Situation stressen lasse, die ich vorerst hinnehmen muss, achte und akzeptiere ich mich."**

Verabschieden Sie sich in Form einer kurzen täglichen Übungseinheit von dem Faktor, der bei Ihnen am meisten Druck aufbaut, indem Sie dazu gedanklich formulieren:

**„Ich erwarte: Mein Umfeld und mein Leben gestalten sich leicht und mühelos."**

> Nehmen Sie die Dinge hin, die Sie nicht eigenmächtig verändern können, und versöhnen Sie sich vorerst mit der aktuellen Situation. Dann verabschieden Sie sich innerlich von den Einflüssen, die in Ihnen Leistungsdruck verursachen.

### Jana P., 31, Schauspielerin

*Es gibt Kollegen, mit denen ich wahnsinnig gerne arbeite, in deren Nähe ich mich aber trotzdem wie der größte Versager fühle. Ich ertappe mich dann, wie ich meine Art zu spielen ständig kritisiere oder meine Leistung mit der der anderen vergleiche. Ganz schlimm ist es bei Castings. Wenn ich dort auf zwei Kolleginnen treffe, von deren Talent ich viel halte, bin ich richtig blockiert. Seit ich aber regelmäßig visualisiere, hat sich die Situation merklich entspannt und ich bin bei Castings viel erfolgreicher geworden. Ich habe unter Anleitung meine Vorstellungskraft und Fantasie geschult und mir die Situation so vorgestellt, wie ich sie mir im Optimalfall vorstelle.*

Visualisierung ist ein großartiges Entspannungswerkzeug, um sich die Dinge so vorzustellen, wie sie sein sollen. Nutzen Sie dieses Tool für mehr Leichtigkeit am Arbeitsplatz und trainieren Sie das gekonnte Tagträumen, wann immer Sie die Zeit dafür finden. Das kann zu Hause sein, aber auch in der Wartehalle am Flughafen, im ICE oder im Stau. Nehmen Sie dazu aber bitte keine Beispiele aus Film, Fernsehen oder der Presse, sondern kreieren Sie die Optimalsituation in Ihrer Fantasie. Zur Visualisierung müssen Sie sich die Situation selbst ausdenken, denn alles, was Sie anderswo gesehen haben, ist nur Secondhand-Optik. Das führt zu nichts. Um Wirkung zeigen zu können, muss der gedankliche Film aus Ihrer Intuition heraus entstehen. Probieren Sie unterschiedliche „Gedankenfilme" aus und Sie werden sehr bald anhand Ihres Bauchgefühls merken, welcher zu Ihnen passt und welcher nicht. Natürlich kann es sein, dass Sie sich als Führungskraft eines florierenden Wirtschaftsunternehmens in Gedanken plötzlich mit offenem Hemd und leichter Bräune bei einem guten Glas Wein vor einem toskanischen Landhaus sehen und sich bei dem Gedanken blendend und wie ausgewechselt fühlen. Jetzt müssen Sie nur noch einschätzen, ob Sie da gerade von einem beschaulichen Leben in Italien oder vom nächsten Urlaub träumen. Kleiner Tipp als Einschätzungshilfe: Stellen Sie sich nun vor, Sie würden zu einer der beiden Varianten gezwungen. Welche wäre Ihnen lieber?

Beim Trainieren Ihrer Visualisierungsfähigkeit, achten Sie auf eine entspannte und ungestörte Atmosphäre (Handy aus, Telefon aus, Klingel aus, Kinder raus zum Spielen etc.) und denken Sie *ausschließlich* in traumhaft schönen Bildern und malen Sie sich den Idealfall so aus, dass er für Sie vollkommen mühelos erscheint!

### *Energie-Kick für Zwischendurch*

*Wenn Sie sich unkonzentriert oder allzu erschöpft fühlen, können Sie sich einen kleinen Power-Schub verabreichen, indem Sie Ihre Ohren sternförmig in alle Richtungen ziehen und zwei- bis dreimal von oben nach unten massieren.*

## Zu wenig Freundlichkeit

Wenn es sich in Ihrer Arbeitswelt verwirklicht hat, dass Sie immer wieder mit Menschen zu tun haben, die intrigant, rechthaberisch, herablassend, cholerisch, unzuverlässig, verbohrt, unbelehrbar oder zerstreut sind, ist es jetzt an der Zeit zu fragen, welche Botschaft für Sie wohl dahinter stecken mag.

Jeder Verhaltensweise, mit der jemand in Kauf nimmt, einen anderen zu verärgern, zu kränken oder zu stressen, geht höchstwahrscheinlich folgendes Mentalprogramm voraus: „Lieber soll es dem anderen mies gehen, als dass ich mir noch einmal an meine eigene Nase fasse. Das kann ich jetzt kein einziges Mal mehr aushalten."

Es ist immer eine gute Idee, auch dem ärgsten Feind mit Verständnis entgegentreten zu wollen. Behalten Sie dieses Vorhaben unbedingt bei, aber denken Sie auch daran, dass jede Begegnung, die in Ihnen eine starke Emotion auslöst, Ihnen etwas mitteilen will. Richten Sie bei allem angestrebten Verständnis für den Energiedieb den Blick auch auf sich selbst. Fragen Sie sich: „Welche Ängste oder Sehnsüchte schlummern in mir, die da von der anderen Person auf so unangenehme Art und Weise gespiegelt oder angedeutet werden?"

Mit welcher Ihrer eigenen Ängste werden Sie durch das intrigante Verhalten der Kollegin konfrontiert? Ist es die Angst, im Vergleich mit anderen nicht bestehen zu können und zu versagen? Oder sehnen Sie sich heimlich danach, auch ein wenig unverfrorener für Ihre eigenen Interessen kämpfen zu können?

Warum verliert Ihr Chef die Fassung und den Sinn für Anstand? Welche unterschwellige Aggression in Ihnen spiegelt er mit seinem Verhalten?

Was ist denn mit diesem vergesslichen und zerstreuten Kollegen, bei dem Sie ständig nachfragen müssen, ob er seine Sache auch wirklich erledigt hat? Spiegelt er die unterschwellige Angst in Ihnen, dass Sie in irgendeinem Lebensbereich nicht gut genug sind?

Sie können Konfliktsituationen nicht immer aus dem Weg gehen. Sie können aber den negativen Gefühlen entgegenwirken, die in einer solchen Situation bei Ihnen auftreten.

> Wer Sie aus dem Nichts heraus harsch kritisiert, tut dies aus einer unbewussten Angst heraus. Ihr Kritiker steht nämlich vor einem bedrohlichen Problem, doch die Möglichkeit zur Flucht ist ihm offenbar nicht gegeben. Und so bleibt nur noch der Angriff in Form von Kritik als „Lösung".

Wenn Sie sich angewöhnen, jeden Tag Ihre gedankliche Aufmerksamkeit auf die Personen zu richten, die es Ihnen leicht machen, positiv zu denken, verändern Sie durch die kontrollierte Wahrnehmung Ihr Unterbewusstsein, und Sie nehmen aktiv Einfluss auf Ihren Alltag.

### Stephanie M., 42, Vorstandssekretärin

*Ich bin ein Harmonie liebender Mensch, ich bin hilfsbereit und freundlich. Alle können das bestätigen. So bin ich erzogen worden. Aber wenn ich morgens das Bürogebäude betrete und mir kommt diese Person entgegen, meine Kollegin aus dem 3. Stock, spüre ich eine derartige Abneigung, dass ich mich manchmal dabei ertappe, wie ich ihr ein Missgeschick wünsche. Tut mir leid, aber vor dieser Frau habe ich wirklich keine Achtung. Sie ist unmöglich und inkompetent und benimmt sich vorlaut und unkollegial. Wenn ich mir vorstelle, dass ich vielleicht für immer mit ihr arbeiten muss, wird mir ganz übel.*

> Wer dazu neigt, sich zu be*schweren*, entbehrt der *Leicht*igkeit.

## Volle Konzentration auf „sympathisch"!

*Nach der nächsten unangenehmen Begegnung und dem nächsten ärgerlichen Kontakt lenken Sie Ihre Gedanken umgehend bewusst auf diejenigen im Kollegenkreis, die Sie schätzen und mit denen Sie gut arbeiten können. Suchen Sie diese Person(en) aber bitte nicht auf, um „Dampf abzulassen" oder sich über den anderen zu beschweren, sondern denken Sie zwei Minuten konzentriert an die angenehme Zusammenarbeit mir diesen Personen. Lenken Sie sich gedanklich vom Ärger ab. Atmen Sie fünf- bis zehnmal tief ein und aus.*

*Schreiben Sie außerdem auf einen Zettel oder in Ihr Handy die Namen all derer, von denen Sie wissen, dass sie große Stücke auf Sie halten. Schauen Sie regelmäßig auf diesen Zettel oder in die Handy-Notiz. Zögern Sie nicht. Legen Sie dieses Buch noch einmal zur Seite und fertigen Sie die Liste gleich jetzt an. Schauen Sie immer darauf, wenn Sie sich mal wieder haben verärgern, kränken oder manipulieren lassen.*

Wenn Sie regelmäßig ein Gefühl von Wut oder Frust erfahren, sollten Sie schon allein aus gesundheitlichen Gründen dafür sorgen, dass diese Gefühle seltener bis gar nicht mehr auftreten. Auch hier hilft Visualisieren im *Vorfeld*. Es ist nämlich schwierig, eine „Think-positive"-Übung zu absolvieren, während Sie mit Ihrem Ärger allein sind und gerade kein Coach in Ihrer Nähe ist, der Sie durch diese Situation hindurch begleitet. Der Trick ist, sich immer mal wieder eine dieser ärgerlichen oder frustrierenden Situationen bildlich vorzustellen und sich auszumalen, wie sich wohl eine vollkommen gelassene, in sich ruhende Person, also jemand, dem Sie glatt einen Heiligenschein aufsetzen würden, in dieser Situation verhalten würde. Tun Sie so als sähen Sie sich einen Hollywoodstreifen an. Variieren Sie diese Situation auf immer groteskere Weise. Setzen Sie dem Chef einen albernen Hut auf, verpassen Sie der Läster-Schwester aus dem Nachbarbüro ein unmögliches Make-up samt peinlichem Outfit und lassen Sie diese Leute auf die Person mit dem Heiligenschein treffen. Sobald eine vergleichbare Situation das nächste Mal auftaucht, werden Sie bereits viel ruhiger damit umgehen können. Üben Sie dies, so oft es Ihnen in der Woche möglich ist.

Schaffen Sie sich bewusste Momente der „Sympathie-Fülle": Treffen Sie sich mit den Menschen, die Sie mögen und von denen Sie gemocht werden. Wenn das aus logisti-schen oder organisatorischen Gründen nicht geht, treten Sie anderweitig mit ihnen in Kontakt. Schicken Sie eine SMS, eine Mail oder hinterlassen Sie einen kurzen Gruß auf dem Facebook-Profil des anderen. Suchen Sie aktiv den Kontakt zu den Menschen, die Ihnen guttun. Das machen Sie vielleicht sowieso schon, aber offenbar ist Ihre Auf-merksamkeit bei den Energiedieben stärker und das sollten Sie ändern. Führen Sie sich vor Augen, dass Ihr Leben reich an großartigen Leuten ist. Reich ist relativ: ein großartiger Freund, eine liebende Mutter, ein unterstützender Vater, ein humorvoller Nachbar, ein inspirierender (Ex-)Kollege, … Menschen wie diese können wahren Reichtum bedeuten! Wer fällt Ihnen ein? Wer sind diese großartigen Menschen in Ihrem Leben? Heben Sie sie auf den Sockel des Bewusst-seins und kicken Sie alle anderen hinunter.

Hören Sie auf, sich selbst zu bemitleiden. Lenken Sie lieber Ihren Fokus auf das, was bereits gut läuft.

**Auf den Punkt gebracht:**

▸ Zeitmangel muss kein Dauerzustand sein.

▸ Arbeiten Sie strukturiert, konzentriert und mit Hingabe.

▸ Visualisieren Sie die optimalen Arbeitsatmosphäre

▸ Hören Sie auf, andere verändern zu wollen.

▸ Reflektieren Sie Ihre verborgenen Ängste.

▸ Fokussieren Sie sich auf positive Begegnungen!

# Selbstachtung

## Ihr gutes Recht

Ist Ihnen klar, dass es Ihr gutes Recht ist, gelassen und unbeschwert zu sein? Nirgendwo steht geschrieben, dass Sie sich Ihr Leben lang mit einer bestimmten Art Mensch oder mit bestimmten Widrigkeiten auseinander setzen *müssen*.

### Lesen Sie den folgenden Satz laut

*„Ich, _____ (Ihr Name), habe das Recht, jederzeit gelassen und unbeschwert zu sein."*

*Nun decken Sie diesen Satz ab und sagen Sie ihn erneut, ohne ihn abzulesen, und achten Sie genau auf Ihr Bauchgefühl. Was sagt es Ihnen? Zieht es Sie runter und macht es Sie schwer oder hebt es Sie an und macht es sie leicht?*

Für den Fall, dass Sie sich dabei ertappt haben, wie Ihre innere Stimme schreien will: „Nein! Nicht ,jederzeit'! Nicht ich und nicht gelassen *und* unbeschwert! Das geht doch auch überhaupt nicht!", empfehle ich Ihnen, Ihr Selbstwertgefühl unter die Lupe zu nehmen. Denn in Ihnen läuft ein Programm ab, das Ihnen vermittelt: „Du darfst nicht, du kannst nicht, sei bescheiden, so etwas können nur die anderen. Anderen geht es schließlich genauso, finde dich damit ab, das Leben ist kein Ponyhof, lerne, mit Widrigkeiten klarzukommen."

Dieses Programm ertragen Sie seit jeher tapfer und ausdauernd, weil Sie sich einmal dazu entschieden haben.

Ich sehe Ihre Empörung förmlich vor mir: „Wie bitte?! Ich bin doch nicht dumm und entscheide mich *für* Ärger!", sagen Sie jetzt und tippen sich dabei mit dem Finger an die Stirn. Aber was denn sonst? Sie sind doch nicht etwa unmündig? Oder sehen Sie sich vielleicht als Opfer Ihrer Lebensumstände? *Gegen* den Ärger haben Sie sich jedenfalls auch noch nicht entschieden, oder? Bedenken Sie, dass das Wort „Opfer" in der Jugendsprache als Beleidigung und Beschimpfung gilt. Mitleid oder Nachsicht kann man als Opfer nicht erwarten! Man wird geopfert und fertig.

Nervige, peinliche, kränkende und ärgerliche Momente erlebt jeder Mensch. Doch wie viel Beachtung schenken Sie solchen Vorkommnissen und für wie lange? Haarig wird es nämlich dann, wenn diese Angelegenheiten mehr Aufmerksamkeit von Ihnen bekommen als die schönen Momente.

### Treffen Sie neue Entscheidungen und hören Sie sich dabei zu. Lesen Sie laut

▸ *Ich, _____ (Ihr Name), entscheide mich für Gelassenheit! Jeden Tag!*

▸ *Ich, _____ (Ihr Name), entscheide mich für Respekt! Jeden Tag!*

▸ *Ich, _____ (Ihr Name), entscheide mich für erfolgreiches Handeln! Jeden Tag!*

▸ *Ich, _____ (Ihr Name), entscheide mich für Freundlichkeit! Jeden Tag!*

Was Sie da gerade ausgesprochen haben, sind Beispiele für Affirmationen (lat. *affirmatio*: Versicherung, Beteuerung).

„Ich bin erfolgreich mit dem, was ich tue" ist genau so eine Affirmation wie „Yes, we can" oder „Unser tägliches Brot gib uns heute". Apropos „Vater unser": Es mag Sie in basses Erstaunen versetzen, doch: Beten hilft! Es gibt niemanden, der Gelassenheit ausstrahlt und fühlt, der nicht vertrauensvoll an etwas glaubt, das stärker und mächtiger ist als er selbst. Ich empfehle Ihnen, so oft wie möglich (zum Beispiel direkt nach dem Aufwachen, unter der Dusche oder im Auto) Sätze mit folgenden Imperativ-Fragmenten zu konstruieren:

▸ Hilf mir heute … (bei der Entscheidung/ruhig zu bleiben/ bei der Parkplatzsuche …).

▸ Zeig mir heute …(was gut für mich ist/was jetzt richtig ist/was ich tun soll und wie …).

▸ Gib mir jetzt …(das, was mir gerade fehlt – Mut, Klarheit, Weisheit, Kraft, Zuversicht, Ideen, Elan …).

Selbst wenn Sie nicht gläubig sind, bringen Satzfragmente wie diese Sie dazu, eine wunschvolle Aussage positiv und bestärkend zu formulieren. Stellen Sie sich einfach vor, Sie würden Ihren unsichtbaren Praktikanten mit etwas beauftragen. Dabei behandeln Sie diesen aber bitte nicht wie ein „Kopier-Äffchen", sondern mit Respekt. Erklären Sie ihm exakt, was Sie von ihm wollen, was Sie von ihm erwarten, und seien Sie sich nicht zu schade, „Danke" zu sagen. Affirmationen sind kein Wundermittel, um die Welt gänzlich zu verändern und neu zu gestalten, doch führen sie *immer* dazu, die Sichtweise auf sich selbst und die Umwelt positiv zu verändern.

## Machen Sie Ihr Handy zum Komplizen

*Tippen Sie den folgenden Satz mit täglicher Erinnerungs-funktion um 09:00 Uhr in die Kalenderfunktion Ihres Han-dys ein: „Ich habe das Recht, geachtet und respektiert zu werden." Oder schreiben Sie: „Ich bestimme selbst über mich." Jeder positiv formulierte Bestärkungssatz ist gut.*

Gehören Sie zu den Menschen, die es unpassend finden, im allgemeinen Stress ruhig und gelassen zu bleiben oder trotz Wirtschaftskrise als „Einziger" gut gelaunt und zuver-sichtlich zu sein? Wie ich vorhin schon erwähnte, versu-chen Sie bitte unbedingt, sich abzugrenzen. Mitgefühl hilft ausschließlich bei Kummer, denn auf diese Weise spenden Sie Trost. Aber Kummer vergeht zum Glück nach einer Weile auch wieder. Wenn nicht, handelt es sich um eine Depression. Und diese muss professionell behandelt wer-den. Hier helfen auch Mitgefühl und Trost nicht. Machen Sie sich klar, dass es für niemanden von Nutzen ist, wenn Sie gestresst sind und wenn Sie Ihren kühlen Kopf verlie-ren. Oder ist schon einmal jemand zu Ihnen gekommen, um Ihnen mitzuteilen: „Mensch, danke, dass du auch so unter Strom stehst wie ich. Gemeinsam macht der Stress richtig Spaß und wir schaffen auch viel mehr!" Ich kann es mir trotz meiner blühenden Fantasie nicht wirklich vorstel-len.

| Prüfen Sie, ob eine der Aussagen von Ihnen sein könnte | |
|---|---|
| ▸ Wer gelassen ist, wirkt leichtfertig und gleichgültig. |  |
| ▸ Mit zu viel Gelassenheit hinterlasse ich einen nach-lässigen und schluderigen Eindruck. | |

| Prüfen Sie, ob eine der Aussagen von Ihnen sein könnte | |
| --- | --- |
| ▸ Wenn man immer unbeschwert ist, ist man doch auch irgendwie oberflächlich und nur auf Spaß aus. | |
| ▸ Mein Chef würde bestimmt glauben, ich würde meine Arbeit gar nicht ernst nehmen. | |
| Lesen Sie erneut und ergänzen Sie: „Falsch! Irrtum!" | |

### *Lesen Sie den folgenden Satz laut*

*„Wenn ich gelassen bin, ist allen damit geholfen. Von meiner Gelassenheit profitieren alle um mich herum." Nutzen Sie Ihr Handy wieder: „Meine Gelassenheit nützt allen."*

# Ihr Selbstbild, Ihr Image

Es gibt viele Gründe, weshalb Ihr Gehirn gelernt hat, einschränkende Gedanken und negative Erwartungen zu produzieren. Einer der Gründe kann sein, dass Ihnen diese Art zu denken als Kind vorgelebt wurde. Manche Sichtweisen sind so tief verwurzelt, dass wir sie gar nicht infrage stellen, weil sie ganz selbstverständlich von Generation zu Generation weitergereicht werden. Beispiel: „Die Gesundheit ist wichtiger als alle Reichtümer der Welt." Mag sein, doch stimmt das wirklich? Ist es nicht vielmehr so, dass Gesundheit und Reichtum gleichwertig sind? Was passiert denn mit Ihrer Gesundheit, wenn Ihnen das Geld fehlt für hochwertige, gesunde Ernährung, für ein schönes, erfülltes, großzügiges Leben mit all den Dingen, die Ihnen, Ihrer Familie und Ihren Freunden Freude bereiten? Ich sage es Ihnen: Sie werden missmutig, bitter – und krank. Reichtum und Gesundheit sollten Freunde sein und nicht Konkurrenten. Wenn Sie die Wahl haben, sollten Sie daher unbedingt auf beides zeigen!

Ein anderer Grund für Ihre negativen Erwartungen kann ein geschwächtes Selbstbild sein. Meistens trifft es auf einen bestimmten Lebensbereich (Beruf, Familie, Gesellschaft, Sport, Kultur etc.) zu. Ihr Unterbewusstsein bläut Ihnen dann pausenlos ein, dass es für Sie in diesem Bereich des Lebens schicksalhaft und typisch ist, Hindernissen zu begegnen, unglücklich zu sein oder zu scheitern.

Ein derart negatives Selbstbild schleicht sich ganz unbemerkt ein und kann sich jederzeit festgesetzt haben: in der Kindheit, in der Jugend, während der Ausbildung, im Studium, in der Ehe oder im Laufe des Berufslebens. Es ist aber nichts anderes als ein Image, an das gewisse Erwartungen geknüpft sind. Und so passiert es, dass Sie genau die Umstände anziehen, die Ihre Erwartungen an Ihr Selbstbild erfüllen.

Sie tun gut daran, Ihr Selbstbild zu überprüfen und es bei Bedarf zu verändern. Ihr Vorteil gegenüber Prominenten: Sie tun dies unter Ausschluss der Öffentlichkeit. Beginnen Sie mit der Absicht, sich täglich vom Leben positiv überraschen zu lassen, anstatt sich auf das Schlimmste gefasst zu machen. Geben Sie jedem Tag die Chance, Ihnen einen kleinen Gefallen zu tun.

## Respekt, bitte!

Zu innerer Gelassenheit gehört Selbstachtung. Sich selbst ohne Wenn und Aber zu akzeptieren, fällt manch einem allerdings schwer. Viele Menschen sind unfassbar streng mit sich. Wie ist das bei Ihnen? Geht es Ihnen auch so, dass Sie viele Dinge, die Sie den ganzen Tag so tun, für kaum erwähnenswert halten? Fällt Ihnen immer sofort jemand ein, der das, was Sie leisten, noch ein bisschen besser kann als Sie? Glauben Sie, dass Sie jederzeit 100 % abliefern müssen? Wie oft macht Ihnen Ihre innere Stimme Vorwürfe oder hält Ihnen die Leistung anderer zum Vergleich vor? Lassen Sie das, denn das ist nicht nett!

## Gemeine Mütter

*Eine Mutter ruft ihr Kind zu sich und erklärt dem Dreikäsehoch: „Weißt du eigentlich, dass ich die anderen Kinder viel hübscher finde als dich?" Eine andere sagt zu ihrem Kind: „Ich habe dich beim Klettern beobachtet … Mach's doch beim nächsten Mal bitte genau so wie das Mädchen dort, ja? Die macht das viel geschickter als du." Oder wie wäre es mit: „Engelchen, die Sandburg, die du da gebaut hast, ist die schäbigste, die ich je gesehen habe. Ist ja peinlich, so was!"*

Wenn das Ihre Art ist, mit sich selbst umzugehen, brauchen Sie sich nicht zu wundern, wenn Ihr Selbstwertgefühl im Keller ist. Wann immer Sie sich selbst kritisieren oder unter Druck setzen, führen Sie sich ab jetzt diese Mutter-Kind-Situationen vor Augen.

Auf Kritik angemessen und professionell zu reagieren, ist die eine Sache – wie Sie sich dabei fühlen, steht auf einem anderen Blatt. Erlauben Sie sich, ungerechtfertigten Druck zurückzuweisen, anstatt ihn anzunehmen. Üben Sie sich darin, Vorwürfe von sich abprallen zu lassen, denn Vorwürfe sind Schuldzuweisungen, und die führen zu nichts. Sie

werden diese übrigens auch nur dann als „kritisch" wahrnehmen, wenn Ihr Selbstwertgefühl angekratzt ist. Ist es
das nicht, werden Sie Kritik als konstruktiven Verbesserungsvorschlag ansehen können. Ist Ihr Selbstwertgefühl
groß und stark, die Kritik dagegen aber unpassend oder
destruktiv, können Sie diese automatisch und zu Recht als
„dummes Zeug" abtun.

> Heute brauchen Sie nicht besser zu sein, als Sie es
> zum jetzigen Zeitpunkt sind. Sie sind heute genau
> richtig mit all Ihren Ecken und Kanten.

### Kristina P., 32, Zahnarzthelferin

*Die Erzieherin meiner Tochter hat einmal gesagt, dass Pia
nicht altersgemäß malen würde. Ich müsse das mit ihr
üben, vor allem das Malen von Menschen. Die lägen bei ihr
nämlich alle so halb auf der Seite und das sei ja nicht normal. Daheim sagte ich meiner Tochter, sie solle jetzt mal
den Papi malen. Sie malte aber eine Blume. „Oje – nein,
keine Blume – einen Menschen wollen wir üben!" Pia guck-
te mich verdutzt an und erklärte mir: „Nein, ich muss eine
Blume malen. Sonst wäre sie ja nicht aus meinen Fingern
durch die Stifte rausgekommen, Mama."*

Kinder haben einen gesunden Instinkt, was den Selbstwert
angeht. Druck, den sie als ungerechtfertigt empfinden,
weichen sie entweder aus, trotzen ihm oder lassen ihn
gekonnt an sich vorbeigleiten. Teenager rollen bei Druck
und Kritik gerne einmal genervt mit den Augen und sagen
(oder denken): „Boah, du nervst!" Dann drehen sie sich

um und machen das, was sie glauben machen zu müssen, und lassen den Kritiker links liegen. Das ist in dem Moment der Harmonie zwar nicht immer zuträglich, und erwachsen oder souverän ist das schon gar nicht, aber es ist eine Form der Abgrenzung. Von dieser adoleszenten Nonchalance kann sich manch ein Erwachsener eine Scheibe abschneiden. *Eine* Scheibe wohlgemerkt!

### Wecken Sie den Teenager in sich

*Wenn Sie sich von einer Person ungerecht angegangen oder über die Maßen kritisiert* fühlen *(egal, ob es tatsächlich auch so gemeint war oder von Ihnen nur so empfunden wurde), schauen Sie die Person für einen kurzen Moment wortlos an und rollen Sie gedanklich (!) mit den Augen, während Ihre innere Stimme sagt: „Du nervst!" Versuchen Sie, das in Bruchteilen von Sekunden hinzukriegen. Üben Sie!*

Durch diesen inneren Minimonolog verzerren Sie für einen Moment Ihre Gefühlsreaktion (Kränkung, Schuldgefühl, Scham, Zorn) und übernehmen Kontrolle über das, was Sie als Nächstes sagen werden. Eine solche künstlich herbeigeführte Sprechpause wirkt Wunder und aus einer abgegrenzten inneren Haltung heraus ist es leichter, professionell, freundlich und lösungsorientiert zu reagieren.

## Schlagfertigkeit und Manipulation

Souveränität wird gern mit Schlagfertigkeit gleichgesetzt, und die Fähigkeit, schlagfertig zu reagieren, wünschen sich viele. Aber warum sind sie es dann nicht einfach? Antwort:

Weil sie dann, wenn sie „schlagen" müssten, innerlich auf „Friedfertigkeit" gepolt sind. Und warum bitte sollte das verkehrt sein?

> **!** Wer (verbal) meisterlich zuschlagen kann, muss auch mit einer olympiareifen „kurzen Geraden" seines Gegenübers rechnen.

Schlagfertigkeit hilft zwar über angekratzten Stolz hinweg, ist aber ein Gefühlsmanipulator. Gefühlsmanipulatoren, die jeglichen (Selbst-)Respekts entbehren, sind zum Beispiel:

▶ **Schlagfertigkeit** → Sie erzeugt erst einen kurzen „Wow"-Effekt, führt aber sogleich zu einem noch härteren Gegenschlag. Und das geht dann so lange, bis einer von beiden k. o. ist.

▶ **„Warum"-Fragen** → („Warum ist das und das noch nicht passiert, Herr F.?") Sie erzeugen defensive oder trotzige Reaktionen, wenn sie ohne wirkliches Interesse, stattdessen aber mit vorwurfsvollem oder zweifelndem Unterton gestellt werden.

▶ **Ironie** → Sie wirkt verspottend und verletzend, wenn sie humorlos und ohne Augenzwinkern angewandt wird.

Neben den Gefühlsmanipulatoren gibt es manipulative Fragen. Diese Art der Fragestellung zielt für gewöhnlich darauf ab, die Intelligenz, die Kompetenz oder den guten Willen des Gegenübers anzuzweifeln und ihn so zu verunsichern:

▶ Warum geht hier keiner ans Telefon?

▶ Wieso haben Sie nicht schon längst zurückgerufen?

▸ Wo stecken Sie denn die ganze Zeit?

▸ Ist das etwa immer noch nicht erledigt?

▸ Was ist das eigentlich für ein lahmer Haufen hier?

▸ Wie lange wollen Sie mich eigentlich noch warten lassen?

▸ Wieso können das die anderen und Sie nicht?

▸ Was heißt hier: Das geht nicht?

▸ Warum dauert das denn so lange?

▸ Sie sind ja eine ganz Gescheite, was?

▸ Schon mal was von Teamwork gehört?

Ihre Reaktion auf eine dieser Fragen könnte sein: „Fragen Sie mich das jetzt, um mir ein Fehlverhalten vorzuwerfen, oder aus Interesse? Wenn Sie nämlich einen Fehler vermuten, dann lassen Sie uns darüber sprechen, aber bitte konkret."

Wenn Sie sich durch jemanden gestört fühlen und Sie diese Person darauf hinweisen möchten, dann tun Sie dies wohlwollend. Manch störendes Verhalten ist oftmals nur eine lästige Angewohnheit, die der Person selbst gar nicht mehr auffällt. Versuchen Sie zu erkennen, was hinter dem nervigen, anstrengenden oder „unmöglichen" Verhalten liegt.

## Selbstbewusstsein

Es ist wichtig, dass Sie sich selbst kennen und anerkennen. Wenn Sie wissen, in welchen Momenten Sie sich gut und in welchen Sie sich unwohl fühlen, und wenn Sie einschätzen können, was Sie richtig gut können und was Ihnen schwerfällt, sind Sie selbstbewusst. Und selbstbewusste Menschen fühlen sich seltener angegriffen als unsichere Menschen.

## Ihre „gute Liste"

*Legen Sie das Buch jetzt für drei Minuten zur Seite, schnappen Sie sich Ihr Handy und notieren Sie sich alles, was Sie gut und mühelos können, was Ihnen einfach immer gelingt. Wenn Sie das Handy hierfür nehmen, haben Sie die Liste stets bei sich, wenn Sie unterwegs sind. Ansonsten tut es natürlich auch ein Zettel.*

Hier ein paar Anregungen für Ihre Liste:

Zuhören, organisieren, freundlich kommunizieren, Konflikte lösen, andere motivieren, gute Laune verbreiten, beruhigen, sich durchsetzen, trösten, konzentriert arbeiten, Multitasking, in Hektik den Überblick bewahren, über den Tellerrand hinaus sehen, für andere mitdenken, …

Führen Sie diese Liste immer mit sich und holen Sie sie jedes Mal hervor, wenn Sie sich verunsichert fühlen. Sie machen schließlich alles immer so gut, wie Sie gerade können. Manchmal reicht das dem Chef, dem Kunden oder den Kollegen vielleicht nicht, aber Ihre Rechte und Ihre Fähigkeiten, Ihr Herz und Ihre Seele behalten Sie trotzdem. Lernen Sie sich mit Ihren Talenten, aber auch mit Ihren nicht vorhandenen Talenten kennen. Schulen Sie Ihr Selbstbewusstsein, denn selbstbewusste Menschen sind gelassener.

# Vom Hänschen zum Hans

Können Sie sich erinnern, welches Attribut oder Image Ihnen als Kind oder als Jugendlicher anhing? Weswegen wurden Sie regelmäßig ermahnt, gemaßregelt, gehänselt oder bestraft oder auch übermäßig gelobt? Gehen Sie diese Liste durch:

▸ vergesslich (Ihr Speicher war bereits voll.)

▸ trödelig (Sie haben alles mit Hingabe gemacht.)

▸ chaotisch (Anderen fiel es schwer, Ihnen zu folgen.)

▸ schlampig (Sie waren gelassen und wenig streng mit sich.)

▸ unpünktlich (Zeit hatte für Sie keine große Bedeutung.)

▸ frech (Sie haben sich nichts gefallen lassen.)

▸ vorlaut (Sie hatten keine Scheu vor der „Obrigkeit".)

▸ lieb (Sie verstanden es, sich anzupassen.)

▸ hübsch (Ihr Aussehen war von Bedeutung.)

▸ schüchtern (Ihre Selbstachtung war schwach ausgeprägt.)

▸ albern (Sie haben angestaute Wut mit Lachen „gelöst" oder waren übermüdet.)

Wenn wir nun davon ausgehen, dass das Attribut von damals dazu geführt haben kann, wie Sie heute als Erwachsener agieren oder wie Sie wahrgenommen werden, sollten Sie all denen den Wind aus den Segeln nehmen, die Sie jetzt für dieses Image kritisieren – allen voran sich selbst!

## *Vertragen Sie sich mit „Hänschen"*

*Wenn Sie ein vergessliches Kind waren und auch heute noch alles Wichtige aufschreiben müssen, sagen Sie sich jetzt laut: „Ich, _____ (Ihr Name), war als Kind vergesslich. Dennoch bin ich genauso wertvoll, wie jeder andere auch." Benennen Sie Ihre „Schwäche" und vertragen Sie sich mit ihr. Tun Sie dies laut und deutlich. Niemand kann Sie treffen, wenn Sie sich mit Ihren „Macken" akzeptieren und dadurch mit sich im Reinen sind.*

Sie können Ihr mentales Programm nur dann erfolgreich umgestalten, wenn Ihre Gedanken an tatsächlich Erlebtes geknüpft werden.

---

**Auf den Punkt gebracht:**

▸ Es gibt Grundrechte, die Ihnen zustehen. Gelassenheit gehört dazu!

▸ Unser Selbstbild entscheidet, was wir uns erlauben, verbieten und zumuten. Das Image ist an Erwartungen geknüpft.

▸ Haben Sie Achtung vor Ihrem Selbst!

▸ Vertragen Sie sich mit Ihren „Schwächen".

# Ängste

## Gute Angst, schlechte Angst

Angst und Liebe sind die beiden Gefühlsmotoren, die uns zu Höchstleistungen antreiben. Allerdings werden bei diesen beiden „Urgefühlen" unterschiedliche Hormoncocktails ausgeschüttet.

Nervosität und Reizbarkeit sind Stressanzeichen, die von dauerhaftem Druck, von Ärger mit Mitmenschen, Verdruss in der Familie oder Finanzsorgen zeugen. Doch die wirkliche Ursache liegt viel tiefer. Stress entsteht aus einer Angst heraus: Versagensangst, Existenzangst, Angst vor der Blamage, Angst vor Ablehnung, Angst vor den eigenen Gefühlen.

Wenn wir Angst empfinden, schütten unsere Nebennieren Adrenalin aus und versetzen uns in einen Alarmzustand, der uns signalisiert: „Flucht oder Kampf, JETZT!" Das war zu Urzeiten richtig und wichtig, als es nämlich noch üblich war, auf den eigenen Instinkt zu hören. Auch heute ist ein ordentlicher Adrenalinstoß gut, sobald tatsächlich Gefahr besteht. Wenn Sie zum Beispiel am Rande einer Klippe stehen, ins Meer hinuntergucken und Ihr Körper mit allem, was er hat, schreit: „NEIN! KEINEN Kopfsprung! Am besten GAR KEINEN Sprung!", dann werden Sie hoffentlich darauf hören. Wenn Ihnen des Nachts ein Geisterfahrer auf der Autobahn entgegenrast, wird Ihr Adrenalinstoß dafür sorgen, dass Ihr Verstand flink eine Pause einlegt (also nicht etwa noch überlegt: „Ach, guck mal: ein Geisterfahrer – wie ungewöhnlich! Wohin er wohl will um diese Zeit?").

Denn nur so kann der Reflex einspringen, der Sie zu intuiti-vem Bremsen und/oder Ausweichen veranlasst. Wenn jemand hinter Ihnen her ist und Sie in Panik davonlaufen, können Sie plötzlich Zäune von ungeahnten Höhen über-winden und ein Tempo an den Tag legen, von dem ein Usain Bolt nur träumen kann. In diesen Momenten schützt Sie Ihre Angst und ist gut für Sie. Aber nur dann! Hier ist die Angst ein natürliches (!) Gefühl und geht Hand in Hand mit der Intuition.

Sämtliche anderen Ängste im Stile von „Was könnte pas-sieren?", „Was hätte da bloß passieren können?!" oder „Was ist, wenn gar nichts passiert und alles für immer so bleibt?!" sind unnütz, hausgemacht und ungesund. Hier wird das Angstgefühl künstlich durch den Verstand her-vorgerufen, nicht aber durch die aktuelle Situation. Diese Art der Angst ist nicht natürlich.

 Meistens ist die Angst, die einem Ereignis vorausgeht, viel unangenehmer als das Ereignis selbst.

### Worst-Case-Szenario?

*Lesen Sie sich die folgenden Szenarien durch und ergänzen Sie jeweils: „Ja, das ist unangenehm, doch das Leben geht weiter."*

▸ *Ich habe einen Fehler gemacht und muss jetzt dafür geradestehen.*

▸ *Mein Kollege intrigiert gegen mich und ich werde mir einen neuen Job suchen müssen.*

▸ *Die Aufträge bleiben aus und ich muss Insolvenz anmelden.*

▸ *Das Projekt, das ich leite, scheitert auf ganzer Linie, der Auftraggeber entzieht mir den Job und zahlt nicht.*

▸ *Ich lasse mich zu einer Unaufrichtigkeit hinreißen und das Ganze fliegt auf.*

▸ *Mein Chef oder Auftraggeber tadelt mich für ungenügende Arbeitsleistung.*

▸ *In meiner Firma wird umstrukturiert und noch ist nicht sicher, welche Jobs bleiben und welche gekürzt werden.*

▸ *Mein bester Kunde schreibt mir eine erboste Mail, weil ich nicht die Ergebnisse bringe, die er sich erhofft hat.*

▸ *Ein Mitarbeiter macht mich darauf aufmerksam, dass in meinem Verantwortungsbereich ein fataler Fehler unterlaufen ist und dass ich an dem Desaster schuld bin.*

▸ *Ich muss mit meinen Kollegen ein ernstes Wort sprechen und werde damit deren Unmut auf mich ziehen.*

▸ *Mein Mitarbeiter hat „Mist gebaut" und ich habe jetzt das Nachsehen.*

Merken Sie, dass sich unsere Ängste oftmals auf etwas beziehen, das im Höchstfall zwar extrem unangenehm, aber keinesfalls gefährlich oder akut lebensbedrohlich ist? Machen Sie sich bewusst, dass Sie in dem Augenblick, in dem Sie diese Zeilen auf dieser Seite lesen, vollkommen in Sicherheit sind. Es können Ihnen gerade nur genau die Dinge widerfahren, die Sie auch ertragen können. Gewöh-

nen Sie sich an, so oft es geht im Hier und Jetzt zu leben.
Holen Sie sich wenigstens einmal am Tag hierhin zurück.

Unangenehmes wird immer durch Angenehmes abge-
löst. Die Kunst ist es, das Angenehme dann auch
wahrzunehmen.

### Zurück ins Hier und Jetzt

*Schließen Sie die Augen und fragen Sie sich ca. 20 Sekun-
den lang ununterbrochen „Was hören meine Ohren?"
Bleiben Sie so lange darauf konzentriert, bis Sie mindestens
zehn unterschiedliche Geräusche wahrgenommen haben.
Danach öffnen Sie die Augen, halten Sie sich die Ohren zu.
Nehmen Sie ca. 20 Sekunden lang visuelle Reize wahr.
Dann atmen Sie zehnmal mit geschlossenen Augen ein und
aus und stellen sich bildlich Ihre Lunge vor, wie sie sich
aufbläht und wieder entspannt.*

## Woher kommt die Angst und was macht sie?

Der meiste berufsbedingte Stress basiert auf der Angst zu
enttäuschen, zu versagen, bloßgestellt oder gedemütigt zu
werden oder bis zur völligen Erschöpfung kämpfen zu
müssen. Wenn Sie innerlich ein Erwartungsprogramm
entwickelt haben, das Ihnen Angst als Motor beschert hat,
sind Sie permanent in Alarmbereitschaft. Ihr Körper und Ihr
Geist senden ununterbrochen: „Fertig machen zur Flucht!"

oder wenn eine Flucht unmöglich ist: „Fertig machen zum Angriff!"

Angst führt zu einer Menge anderer Gefühle, die von diesem „Muttergefühl" genährt werden: Wut, Frust, Resignation, Scham, Neid, Schuld, Verachtung. Solche Gefühle setzen einen Prozess in Gang, der „an die Nieren geht", „über die Leber läuft", „auf den Magen schlägt", „die Luft abschnürt", „die Galle überkochen" oder Sie „aus der Haut fahren" lässt. Wie Sie es auch ausdrücken: Eines Ihrer Organe kann immens unter Ihren negativen Gefühlen leiden.

Ach, Sie meinen, Sie trügen gar keinen Neid oder keine Verachtung in sich? Schauen Sie sich die folgenden Aussagen und Begriffe an und entscheiden Sie aufrichtig, ob sie nicht doch zu Ihrem Wortschatz passen könnten:

▸ schweinereich/stinkreich

▸ Die können sich das ja erlauben.

▸ Was glaubt er/sie eigentlich, wer er/sie ist?

▸ Was erlaubt der/die sich?

▸ So eine Zicke!

▸ Er lässt wieder den Chef raushängen.

▸ So ein Vollidiot!

▸ Ein Trottel vor dem Herrn!

▸ Er/sie hält eh alle nur auf.

▸ Die lahme Schnecke!

▸ Ein regelrechtes Faultier!

▸ Der faule Sack!

▸ Die taube Nuss!

▸ Dieser Lackaffe!

▸ „Sohn" von Beruf

▸ Wichtigtuer!

▸ Erbsenzähler!

Aussagen wie diese sind keine Meinungen, sondern Betitelungen und Urteile, die in Ihren unterschwellig ängstlichen Gefühlen begründet sind bzw. die Sie sich von anderen einfach abgeguckt haben. Urteilen wie diesen gehen immer latent ängstliche Gedanken voraus, und zwar im Stile von:

▸ „So will ich niemals werden."

▸ „Ich mache aber hoffentlich einen besseren Eindruck."

▸ „Solche Leute sind schlecht für mich."

▸ „Ich will auf keinen Fall mit denen verglichen werden."

Es ist natürlich unmöglich, mit jedermann auf einer Wellenlänge zu sein, doch halten Sie Abstand von negativen Aussagen über andere. Solange Ihnen etwas an anderen Menschen unangenehm auffällt, solange Sie nicht einfach über deren „Macken" hinwegsehen können, sind Sie automatisch zu sich selbst auch viel zu kleinlich. So wird das mit der Gelassenheit nur leider nichts.

Üben Sie sich in Großmütigkeit und Toleranz. Drücken Sie lieber einmal mehr ein Auge zu, als Menschen und Umstände allzu dogmatisch und zu verurteilend zu betrachten. So werden Sie auch freundlicher zu sich selbst und „cooler".

# Die Scheu vor der Angst

Natürlich empfinden Sie vor vermögenden Menschen keine existenzielle Angst oder fühlen sich von der impertinenten Kollegin oder dem unfähigen Vorgesetzten ernsthaft bedroht. Aber offenbar berühren gewisse Menschen einen Nerv bei Ihnen, der in Ihnen ein negatives Gefühl hervorruft. Die Palette reicht von Minderwertigkeit über Selbstmitleid bis hin zu (Selbst-)Verachtung und Traurigkeit. Und solche Gefühle hat niemand gern. Jeder scheut sie. Jeder fürchtet sich vor ihnen, da sie klein machen und lähmen. Wenn Sie sich aber Ihre Ängste nicht eingestehen und sich nicht mit ihnen auseinandersetzen, können Sie unmöglich gelassen sein. Erkennen Sie lieber Ihre spezifische Angst, stehen Sie zunächst zu ihr, damit Sie sich letztendlich von ihr verabschieden können. Nur so wird es Ihnen gelingen, Ihr Gelassenheitspotenzial *jederzeit* auszuschöpfen!

## *Akzeptieren Sie Ihre Gefühle*

*Es gibt einen Energiepunkt an der Außenkante Ihrer Hand. Sie finden den Punkt, wenn Sie die Hand zur Faust ballen: Unter dem kleinen Finger bildet sich eine Falte und direkt unter der Falte sitzt der Energiepunkt. Klopfen Sie diesen ein paar Mal mit Zeige- und Mittelfinger der anderen Hand. Lesen Sie dabei laut: „Obwohl ich vor irgendetwas Angst, Scham oder Schuld empfinde, achte und akzeptiere ich mich." Den Satz können Sie so variieren, dass die Aussage perfekt zu Ihrer jetzigen Situation passt, z. B.: „Obwohl ich mich von meinem Kollegen hintergangen fühle und deshalb stocksauer bin, achte und akzeptiere ich mich."*

Machen Sie die Übung, solange es Ihnen guttut, und wiederholen Sie sie in der nächsten Zeit, so oft Sie können.
Gerne gebe ich Ihnen noch ein paar Beispielsätze, die Sie
selbstverständlich so umformulieren können, dass Sie zu
Ihnen passen:

▸ Obwohl ich mich manchmal verunsichert fühle, liebe
  und akzeptiere ich mich jetzt voll und ganz.

▸ Obwohl ich den Sinn solcher Übungen nicht erkennen
  kann, akzeptiere ich mich so, wie ich bin.

▸ Obwohl ich fürchte, dass sich meine Situation niemals
  verändert, achte und akzeptiere ich mich.

▸ Obwohl ich Angst davor habe, wieder so ein lähmendes,
  isoliertes Gefühl zu bekommen, liebe und akzeptiere ich
  mich.

▸ Obwohl ich fürchte, versagt zu haben, achte und liebe
  ich mich.

▸ Obwohl ich mich über meinen Kollegen aufrege, akzeptiere ich mich.

▸ Obwohl ich mich bis jetzt von meinem Chef habe unmöglich behandeln lassen, achte und liebe ich mich.

▸ Obwohl ich möglicherweise bei diesem Projekt scheitern
  werde, akzeptiere ich mich.

Wenn Sie lernen, Ihre Sorge zu benennen und sich trotz
dieses Gefühls zu akzeptieren, gehen Sie in kurzer Zeit viel
gelassener mit Fehlschlägen um. Hören Sie auf, ständig
und überall einen starken, unverletzbaren, zähen oder
robusten Eindruck hinterlassen zu wollen. Sie werden auch
dann von anderen geschätzt, wenn Sie nicht perfekt und

vorbildlich wirken. Sobald Sie Ihre Ängste kennen und benennen können, verlieren diese an Schrecken und an Macht über Sie. Ich nenne das „Rumpelstilzchen-Effekt".

## Wut

Wenn Ihnen sprichwörtlich etwas „über die Leber läuft", dann steht dies immer in einem zornigen Zusammenhang. Wenn bei Ihnen „die Galle überkocht" hat auch dies mir Ihrer Leber zu tun. Dieses Organ macht Sie mithilfe dieser heftigen Emotion darauf aufmerksam, dass Sie (!) sofort etwas an der aktuellen Situation ändern müssen. Geschieht dies nicht oder ist dies für Sie nicht umsetzbar, tragen Sie Ihr Gefühl der Wut, des Verdrusses oder des Grolls womöglich über einen längeren Zeitraum mit sich herum, und das kann auf Dauer Ihre Gesundheit schädigen.

Ärgern Sie sich zum Beispiel ohne Unterlass oder in kurzen Abständen immer wieder über den Inhalt Ihrer Arbeit, irgendwelche Vertragspartner, einen unzuverlässigen Lieferanten oder das schlechte Essen in der Kantine, dann hilft Ihnen nur, die komplette Arbeitssituation zu ändern oder aber die Dinge so hinzunehmen, wie sie nun einmal derzeit sind. Alles andere schadet Ihrem Körper.

Manchmal aber schlägt auch pure Angst in Wut um, und zwar dann, wenn ein Zurück- oder Ausweichen nicht mehr möglich zu sein scheint. Dieses Gefühl des In-die-Ecke-gedrängt-Seins wird von jedem Menschen unterschiedlich stark empfunden. Doch jeder Mensch, für den ein besonnener Ausweg nicht mehr klar ersichtlich ist, fletscht wie ein waidwundes Tier die Zähne, tritt und kratzt um sich oder schnappt ohne Vorwarnung zu, sobald ihm jemand zu nahe tritt.

### Karina R., 45, Polizeibeamtin

*In meinem Beruf ist es wichtig, die Beherrschung und die Kontrolle zu bewahren, was für mich eine ganz besondere Herausforderung darstellt. Oftmals habe ich nämlich mit Menschen zu tun, deren Dummheit beispiellos ist, und Dummheit macht mich einfach rasend. Unüberlegtes und verantwortungsloses Handeln, wodurch andere gefährdet werden könnten, macht mich wütend. Wenn ich allerdings in solchen Momenten tatsächlich ausrasten würde, wäre auch mein Verhalten unüberlegt und verantwortungslos. Mit jeder Begegnung wachse ich quasi über mich hinaus.*

Wann regen Sie sich auf? Passiert das, wenn etwas nicht nach Ihren Vorstellungen läuft? Dann haben Sie unterschwellig Angst, zu kurz zu kommen oder über etwas, das Ihnen wichtig ist, die Kontrolle zu verlieren. Oder machen Sie bestimmte Menschen wütend? Dann fürchten Sie, von diesen Menschen gespiegelt zu werden. Leute, über die Sie sich aufregen, erinnern Sie an sich selbst. Macht es Sie zornig, wenn jemand Kritik an Ihnen übt? In diesem Fall benutzen Sie die Wut als Schutzschild, um eine tiefe Seelenwunde vor weiterer Verletzung zu schützen. Offenbar hat hier etwas nie richtig verheilen können. Diese Wunde sollte einmal richtig angesehen und behandelt werden. Dies sind Fälle von „Angst-Wut". Sie vergeht schnell wieder. Erkennen Sie die Angstursache bei sich selbst und Sie erlangen Kontrolle über Ihre Wut.

# Mobbing

Es besteht ein großer Unterschied zwischen offen ausge-
tragenen Konkurrenzkämpfen oder Meinungsverschieden-
heiten innerhalb des Teams und Mobbing. Wenn der Kon-
flikt mit einem einzelnen Kollegen Ihren Arbeitsalltag
beeinträchtigt, ist es an Ihnen, Ihren Selbstwert zu steigern,
Ihr Selbstbewusstsein zu vergrößern und die Selbstachtung
zu bewahren. Wenn die Belegschaft sich aber auf Sie stürzt
wie ein Rudel Wölfe auf ein Karnickel bzw. sich geschlossen von Ihnen abwendet, steckt Methode dahinter. Der
Begriff „Mobbing" kommt aus dem Englischen: to mob =
„angreifen", „über jemanden herfallen". Als „Mob" wird
auch die (randalierende) Meute bezeichnet. Mobbing kann
in unterschiedlichsten Varianten auftreten und reicht von
Schikane und Ausgrenzung bis hin zu Verbreitung von
Gerüchten und bewusst herbeigeführter Überlastung.
Mobbing ruft Gefühle von starkem Misstrauen, Nervosität,
Machtlosigkeit sowie Leistungs- und Denkblockaden hervor. Auch Antriebslosigkeit, Burn-out und Depression kön-
nen die Folge von Mobbing sein. Es handelt sich also keinesfalls um ein Kavaliersdelikt, sondern ist unbedingt
innerhalb des Betriebs zu melden. Gespräche mit den
Mobbingverantwortlichen, den Tätern, sollten Sie in jedem
Fall in Anwesenheit Dritter stattfinden lassen. Sollten Sie
das Gefühl haben, zum Mobbingopfer zu werden, rate ich
Ihnen, zunächst alles zu notieren, was Ihnen widerfährt.
Versuchen Sie, so stark aufzutreten, wie es Ihnen in Ihrer
Situation möglich ist, denn offen gezeigte Schwäche for-
dert Mobber eher noch heraus. Sollte sich Ihr Vorgesetzter

unter den Tätern befinden, ist es ratsam, sich an eine externe Beratungsstelle zu wenden.

## Lampenfieber als Herausforderung

Wenn Sie Angst vor dem Rampenlicht haben, dann machen Sie sich jetzt bitte klar, dass dieses Gefühl zwar nicht unbegründet (Verstand), aber trotzdem unnötig (Intuition) ist. Sie werden hervorragend weiterleben können – ganz gleich, was Ihnen während Ihres Auftritts passiert.

Falls Sie bisher jedes Mal gehofft haben, dass der Präsentations-Kelch an Ihnen vorübergehen möge, rate ich Ihnen, dieses „Drückeberger"-Gefühl ab jetzt als Aufforderung zu sehen, freiwillig die Hand zu heben. Denn jetzt ist Ihr Moment gekommen, über sich hinauszuwachsen. Trauen Sie sich die Wortmeldung im Meeting zu! Melden Sie sich freiwillig! Halten Sie die Rede bei der Vertriebstagung! Nehmen Sie die Herausforderung an und geben Sie sich selbst die Chance zu gedeihen. Nur Mut!

Ich weiß wohl: Das ist leichter gesagt als getan. Viele scheitern bereits bei der bloßen Vorstellung daran. Deshalb werde ich jetzt mit Ihnen ein paar vorbereitende Punkte durchgehen, die Ihnen einen Großteil der Sorge nehmen werden.

▸ Bereiten Sie sich inhaltlich intensiv vor. Sie müssen Ihr Thema aus dem Effeff kennen. Das ist die Basis für einen sicheren Vortrag.

▸ Erstellen Sie einen Fragenkatalog und beantworten Sie die Fragen. Es gibt übrigens auch diese Antwortmöglichkeit: „Da bin ich gerade überfragt, aber ich mache mich nachher schlau und liefere die fehlende Information nach."

▸ Wenn Sie mit Stichwortkarten arbeiten, notieren Sie sich darauf nicht das Thema oder die einzelnen Punkte, denn die kennen Sie! Notieren Sie stattdessen eine Auswahl an Adjektiven, mit denen Sie Ihren Vortrag interessant gestalten wollen, sowie ein Sortiment passender Verben, denn es sind fast immer die Adjektive und die Verben, nach denen das Gehirn in Stresssituationen suchen muss.

▸ Lassen Sie sich im Vorfeld bei einer Ihrer Proben filmen und hegen Sie dabei die Absicht, unperfekt zu sein. Sonst machen Sie sich nur verrückt. Reden Sie sich konsequent ein: „Mir fallen mühelos die richtigen Worte ein."

▸ Versöhnen Sie sich: „Obwohl ich versagen *könnte*, achte und akzeptiere ich mich."

▸ Beruhigen Sie sich: „Wenn ich das Wichtigste vergesse oder gänzlich versage, ist das zwar unangenehm, aber das Leben geht weiter."

▸ Bevor sich der Ernstfall überhaupt erst ergibt, visualisieren Sie immer mal wieder diverse Auftrittsvarianten mit Ihnen auf der Bühne und tosendem Applaus. Entspannen Sie, atmen sie 20 Mal konzentriert ein und aus, schließen Sie die Augen und tagträumen Sie. Lassen Sie Ihrem imaginären Ruhm freien Lauf. Hören Sie damit nicht eher auf, bis Sie sich hervorragend fühlen.

▸ Atmen Sie vor dem Auftritt die Nervosität *aus*!

▸ Geben Sie Ihrem natürlichen Bewegungsdrang vor dem Betreten der Bühne nach. Ziehen Sie die Knie abwechselnd hoch, hüpfen Sie auf der Stelle, schneiden Sie Grimassen. Wenn Sie vor Ihrem eigenen Auftritt im Publikum sitzen und dadurch in Ihrer Bewegungsfreiheit eingeschränkt sind, spannen Sie Ihre Muskeln an und entspannen Sie sie gleich wieder. Erst die Waden, dann Oberschenkel, Gesäß, Arme.

▸ Beim Vortrag: Hände aus den Taschen! Ihre Hände halten Sie bei der freien Rede auf Gürtelschnallenhöhe und die Finger dürfen sich locker berühren. So haben Sie die Möglichkeit, die Hände für eine spontane Geste zu lösen und können sie danach wieder „nach Hause" in die Ursprungsposition führen. Achten Sie darauf, Spannung in den Armen zu haben und sie nicht schlapp am Körper herunterbaumeln zu lassen. Üben Sie das vorher und filmen Sie sich!

▸ Bitte nicht die natürliche Gestik unterbinden, um künstlich ruhiger oder cooler zu wirken. Früher oder später fangen Sie sonst an, zaghaft zu zucken. Und das sieht dann seltsam aus.

▸ Stehen Sie mit beiden Füßen fest auf dem Boden und belasten Sie beide Füße gleichermaßen. Bitte keine lässige Schrittposition, denn dabei wird nur das hintere Bein belastet, und das führt früher oder später zu Wackelei und Zappelei. Nur wenn Sie mit beiden Füßen fest verwurzelt stehen, können Sie einen Standpunkt vermitteln. Gewöhnen Sie sich bei den Vorbereitungen an, Bewegungen nur oberhalb der Hüfte zuzulassen. Wenn

Sie ein paar Schritte quer über die Bühne tun, stellen Sie sich danach wieder fest auf beide Füße.

▸ Gestikulieren Sie mit Wonne! Lassen Sie eine Gestik für einen Moment stehen, damit diese auch wahrgenommen werden kann. Es wirkt sonst wie ein Stück Kuchen, das Sie jemandem anbieten und es ihm gleich wieder wegziehen, sobald er danach greifen möchte.

▸ Machen Sie beim Reden Pausen. Gönnen Sie sich und dem Zuhörer eine Atem- bzw. Infopause!

> Madonna sagte einmal in einem Interview: „Wenn ich merke, dass ich vor irgendetwas Angst habe, heißt das für mich: Ich muss es tun."

Für viele Menschen geht die Angst vorm Auftritt einher mit der Angst vor ablehnenden Publikumsreaktionen oder anderen Störfaktoren. Stellen Sie sich selbst die Frage, was Sie persönlich stören oder verunsichern würde. Was sind die kleinen oder großen Dinge, die Sie aus dem Konzept bringen könnten? Ich erinnere mich an eine Fernsehmoderatorin, hinter der etwas explodierte. Sie zuckte kurz zusammen, vielleicht sagte sie auch so etwas wie „Huch!", ich weiß es nicht mehr. Was ich aber noch weiß ist, dass sie sich gleich wieder der Kamera zuwandte und weitersprach. Alles eine Frage der Konzentration.

Für niemanden ist es ein schönes Gefühl, wenn sein Vortrag oder seine Präsentation jäh unterbrochen oder sonst wie sabotiert wird. Es kann aber nun einmal passieren. Und nicht immer sind die Gründe dafür bösartiger Natur! Bereiten Sie sich also besser drauf vor. Was immer Sie gedanklich bereits durchlebt haben, kann Sie in der Realität nicht mehr aus der Fassung bringen. Gehen Sie alle Eventualitäten in Gedanken durch:

Was sehen Sie? Sehen Sie die kritisch dreinblickende Menge und die unzähligen Augenpaare, die Sie fixieren? Oder sehen Sie sich selbst strahlend im Rampenlicht, gelöst, charmant, charismatisch und überzeugend? Was *wählen* Sie zu sehen?

Alle Augen sind auf Sie gerichtet, Sie haben die volle Aufmerksamkeit. Alle sind mucksmäuschenstill. Jeder wartet auf Ihre Worte. Einige haben sich abwartend zurückgelehnt und die Arme vor der Brust verschränkt. Andere sind interessiert nach vorn gelehnt. Sie gehen einige Treppen zur Bühne hinauf, wo Pult und Mikrofon auf Sie warten. Was geht nun in Ihnen vor? Was denken Sie?

▸ „Hoffentlich geht nichts schief."

▸ „Wird schon klappen."

▸ „Ich kann's kaum erwarten, endlich loszulegen."

▸ „Ich kann's kaum erwarten, wieder zu sitzen."

Sie wissen, worüber Sie reden wollen. Sie sind sich Ihrer Stärken und Ihrer schwächer ausgeprägten Stärken bewusst. Wenn Sie sich jetzt unsicher fühlen, gut – dann ist das eben so. Dieses Gefühl wird von Ihnen jetzt nicht mehr als gut oder schlecht bewertet. Verunsicherung ist vergänglich. Wenn Sie sich auf der Bühne verhaspeln, machen Sie einfach weiter und halten Sie sich nicht daran auf. Sie gehen mit bravourösem Beispiel voran. Wenn Sie nervös sind, behalten Sie es für sich, denn niemand im Zuschauerraum möchte ein Nervenbündel auf der Bühne bemitleiden müssen. Sie wissen, dass Sie es nicht nötig haben, um Mitgefühl zu buhlen. Sie besitzen Stolz!

Sie wissen, wie sich charismatische Redner und Schauspieler auf der Bühne oder in Talkshow geben, denn Sie haben deren Auftritte im Internet wieder und wieder angesehen und Sie haben sich inspirieren lassen. Sie sind sich dessen bewusst, dass auch Sie eine solche Strahlkraft besitzen, und Sie haben sich entschlossen zu strahlen.

Sie sind jetzt genau so, wie Sie in diesem Augenblick Ihres Lebens sein sollen, und es ist keinesfalls erwünscht, dass Sie heute anders sind. Wer das von Ihnen erwartet, den müssen Sie „leider" eines Besseren belehren, denn er liegt falsch.

Ihre Versagensangst und Ihre Sorge, sich zu blamieren, haben Sie jetzt hinter sich gelassen und Sie spüren den kleinen Push, den Sie dadurch bekommen. Ein Blackout kann Ihnen nicht passieren, denn Sie sind gelassen genug, um bei Bedarf zu improvisieren. Das Thema des Vortrags liegt Ihnen und Sie vertrauen darauf, dass Ihnen im richtigen Moment die richtigen Worte einfallen. Sie vertrauen darauf, dass Sie in jedem Moment souverän und präsent sind, selbst wenn Sie auf der Bühne „patzen".

Sie lassen sich nicht einfach nur bewundern, sondern bleiben im freundlichen Kontakt mit dem Publikum. Sie schenken Aufmerksamkeit und das Publikum schenkt sie Ihnen zurück.

Bravo! Herzlichen Glückwunsch!

**Auf den Punkt gebracht:**

▸ Ängste sind in den meisten Fällen unnötig.

▸ Angst lähmt den Verstand, blockiert die Kreativität und schädigt die Organe.

▸ Wer seine Angst kennt, hat sie so gut wie abge-schafft.

▸ Wut entsteht durch Angst oder Ohnmacht. Beides ist meistens unnötig.

▸ Mobbing müssen Sie nicht allein durchstehen. Holen Sie sich Hilfe!

▸ Alles, was Ihnen über Ihr Selbst bewusst ist, macht sie *selbst-bewusst*. Je mehr Sie wissen, desto stärker sind Sie.

▸ Angst kann Flügel verleihen.

# Zuversicht

## Was ist Mut und wann ist er da?

Das Gegenteil von Angst ist Mut, meinen Sie? Falsch. Mut ist nur ein Untergefühl des Motors „Liebe". Sie erinnern sich: Nichts treibt uns mehr an als wahre Angst und wahre Liebe. Wenn wir lieben, ziehen sich unsere Mundwinkel nach oben. Außerdem hebt sich unsere Geisteshaltung und macht uns „leicht". Ganz deutlich zu spüren ist diese unbändige Energie und Stärke, wenn wir frisch verliebt sind. Wir brauchen weniger Schlaf, sind belastbarer, fühlen uns gesünder und fit, schaffen mehr in kürzerer Zeit, Fehler, die uns unterlaufen, machen uns nicht so irre viel aus usw. Liebe, Freude, Unbeschwertheit, Heiterkeit ... – all das sind die idealen Power-Motoren auf dem Weg zur Gelassenheit.

In den Momenten, in denen Sie das Gefühl haben, dass es Ihnen so richtig gut geht und es Ihnen gelingt, völlig mühelos und aus dem Herzen heraus zu lächeln, machen Sie alles richtig. Dann lieben Sie den Moment!

Immer dann, wenn Sie etwas tun müssen, was Ihnen Unbehagen oder Stress bereitet, halten Sie ab jetzt kurz inne und überlegen Sie sich etwas, auf das Sie sich freuen können.

Freuen Sie sich auf etwas Schönes, das gleich nach dem Unbehagen kommen wird. Selbst wenn es nur etwas ganz Kleines, Unbedeutendes ist. Es muss nicht erst der nächste

Urlaub sein. Freuen Sie sich auf den Feierabend, auf die frische Luft nachher oder auf ein deftiges Abendbrot. Wenn Sie Raucher sind und es Ihnen einerlei ist, dass Sie sich mit dem Rauchen schaden können, dann freuen Sie sich von mir aus auf die nächste Zigarette. Es geht nicht darum, dass Sie sich auf etwas Gesundes oder Intelligentes freuen, sondern darum, dass Sie sich auf etwas freuen. Freuen Sie sich auf die Freude. Aber bitte nehmen Sie diese kleinen, wohltuenden Momente dann auch wahr! Das Unliebsame wird dadurch erträglicher und mehr Gelassenheit stellt sich ein.

Neben den Naturgesetzen der Schwerkraft und der Resonanz gibt es das Gesetz der Polarität. Helligkeit kann ohne Dunkelheit nicht existieren. 39 °C im Schatten empfinden wir nur dann als unerträglich heiß, wenn wir auch niedrigere Temperaturen kennen. Groß gibt es nur im Vergleich zu klein. So ist es auch mit dünn und dick, reich und arm, laut und leise sowie mit fröhlich und unglücklich. Sie können Fröhlichkeit und Unbeschwertheit nicht dauerhaft schätzen, wenn sich nicht zwischendurch auch Unbehagen und Unmut untermischen. Der Trick ist, den beiden Letzteren nicht allzu viel Raum, Zeit und Beachtung zu schenken, sondern die Aufmerksamkeit bald wieder auf das zu richten, was logischer- und natürlicherweise direkt danach kommt: die Heiterkeit.

> **!** Es gibt immer auch heitere Momente in Ihrem Leben. Wie intensiv Sie diese wahrnehmen, liegt an Ihnen.

# Erfolge erfordern Mut

Wie das Wort schon andeutet, ist Er*folg* eine Folge von etwas. Am besten fühlt sich Erfolg an, wenn ihm ein Sieg vorausgegangen ist. Der beste Sieg ist der über sich selbst. Für den ersten Schritt ist es wichtig, sich seinen akuten Gefühlen und Ängsten zu stellen und diese zu benennen. Wenn es aber nur dabei bleibt, werden Sie Ihren Ängsten weiterhin ins Auge sehen und sie bekämpfen müssen. Das Gemeine an Ängsten ist nämlich, dass sie immer wieder auferstehen, solange gegen sie gekämpft wird. Sobald Sie Ihre Angst aber hinter sich lassen und mutig nach vorne treten, bekommen Sie von ihr, die da vorhin noch grinsend vor Ihnen stand, einen Schubs in die richtige Richtung.

*Magdalena T., 22, Schauspielstudentin*

*Ich war Teilnehmerin bei einem Workshop. Der Dozent war sehr charismatisch und strahlte eine natürliche Autorität aus. Die Zeit für seine Übungen war knapp bemessen, aber ich wollte unbedingt eine freie Rede halten, was nicht wirklich zum laufenden Programm passte. Das Umfeld war aber so herausfordernd, dass es für mich das ideale Szenario war. Es hat mich wahnsinnig viel Überwindung gekostet, zu fragen, ob er mir ein paar Minuten seiner Zeit abgibt. Ich haderte mit mir, doch aus einem Impuls heraus sprach ich ihn einfach an und bekam zehn Minuten Redezeit. Die Rede wurde mit Standing Ovations quittiert. Das Gefühl unaufhaltbar zu sein, war einfach nur wunderbar und sehr langanhaltend!*

Um ein höheres Energieniveau zu erreichen und um neue Ressourcen zu schaffen, aus denen Sie bei Bedarf schöpfen können, ist es notwendig, ab und an mutige Entscheidungen zu treffen. Mut ist aber nur dann erforderlich, wenn die Entscheidung auch ein gewisses Risiko birgt. Jedes Risiko wird von jedem Menschen als unterschiedlich bedrohlich eingeschätzt. Die einen scheuen das Risiko der Ablehnung, andere das Risiko der Blamage, wieder andere das Risiko der Enttäuschung und ein weiterer hält ein finanzielles Risiko für zu groß. Immer und jederzeit auf Nummer sicher zu gehen, schränkt den Horizont allerdings enorm ein. Es gibt einen großen Unterschied zwischen Leichtsinn und dem Mut zum Risiko. Wer leichtsinnig handelt, verspürt Gleichgültigkeit. Wer risikoreich handelt, überwindet seine Angst.

## Von der Festanstellung zum Taschen-Label

*Eine Dame aus meinem Freundeskreis hatte eine ganz genaue Vorstellung davon, wie ihre nächste Handtasche aussehen sollte. Einziges Manko: Ein solches Stück war entweder eher eine Investition als eine Tasche oder das Modell gefiel ihr nicht. Sie entschied sich kurzerhand, eine Tasche selbst zu entwerfen und diese anfertigen zu lassen. Der erste Versuch scheiterte, aber es folgte ein zweiter. Dieser gelang, die Tasche war perfekt! Dann entwarf sie Modell Nr. 2. Und noch eine dritte. Die Taschen fanden großen Zuspruch und die Nachfrage wuchs stetig. Schließlich entschloss sich die Frau, Ihre Festanstellung als Marketingassistentin aufzugeben, um sich dem Abenteuer „Mein eigenes Taschen-Label" zu widmen. Mittlerweile beschäftigt Sie ein kleines, feines Kreativteam.*

Der Verstand, zeigt uns mit allergrößter Lust unzählige Risiken im Berufsleben auf, die die eigene Sicherheit vermeintlich gefährden könnten. Das Ego hat es nämlich gerne gemütlich und bequem und mag es gar nicht, wenn es abenteuerlich wird. Einige der Risiken könnten sein:

▶ „Ich könnte inkompetent wirken, wenn ich eine unorthodoxe Idee verwirklichen will."

▶ „Ich sollte lieber damit weitermachen, was ich schon kann."

▶ „Man könnte mich belächeln, wenn ich etwas Neues ausprobieren will."

▶ „Ich könnte mein Ansehen beim Chef gefährden, wenn ich eine Forderung an ihn stelle."

▶ „Ich könnte die Sympathie meiner Kollegen verspielen, wenn ich für meine Interessen einstehe."

▶ „Ich könnte enttäuscht werden, wenn ich eine Gehaltserhöhung anspreche."

▶ „Man könnte mich für naiv halten, wenn ich versuche, etwas Unmögliches möglich zu machen."

▶ „Ich könnte auf Ablehnung stoßen, wenn ich einen Schritt aus der Reihe wage."

Mut und Bequemlichkeit schließen einander aus. Mut ist gänzlich ungemütlich. Solange Ihre Handlungen keine Überwindung kosten, erfordern sie keinen Mut. Um sich stetig weiterzuentwickeln, müssen Sie immer mal wieder an Ihre Gemütlichkeitsgrenze gehen und ab und an eine risikoreiche Entscheidung treffen. Die Frage, die Sie sich dazu jedes Mal stellen, lautet: „Mache ich das jetzt oder verzichte ich lieber?" Wählen Sie den mutigen Weg, sooft Ihnen eine Gelegenheit dazu geboten wird!

# Zuversicht! Volle Kraft voraus!

Wenn Sie in Sachen Gelassenheit noch nicht so sehr geübt sind, sollten Sie darauf verzichten, „unaufgewärmt" den Spagat zwischen inneren Stressturbulenzen und lässig-souveränem Auftreten zu probieren. Damit setzen Sie sich nur selbst unter Druck. Wenn Sie trotz des Trubels um Sie herum innerlich gelassen sind, wird man Ihnen dies anmerken, und wenn Sie nur so tun als ob, werden Sie auch das nicht verbergen können. Trainieren Sie deshalb Ihre Unbeschwertheit sanft – wie einen Muskel. Verübeln Sie es sich nicht, wenn Sie in der nächsten Konfliktsituation noch nicht so lässig bleiben, wie Sie es sich wünschen. Gelassenheit will gelernt sein und nicht etwa „angezaubert". Es gibt jeden Tag leichte und helle Momente, die es wert sind, wahrgenommen zu werden, und die Sie an Affirmationen koppeln können. Sie haben täglich die Möglichkeit, Ihre Atemtechnik für den Fall der Fälle zu üben.

Zusätzlich setzen Sie jetzt Ihr Erinnerungsvermögen ein.

## Genießen Sie einen Glückscocktail

*Erinnern Sie sich an einen Moment, in dem Sie Freude, Ausgelassenheit, Ergriffenheit oder Zuneigung gefühlt haben, und fühlen Sie sich erneut in diese Situation hinein. Was für ein Moment war das? Was das im Urlaub? War es auf einer Party? Ein Rock-Konzert? Eine Oper? Ein Flirt? Eine gelungene Präsentation? Ein siegreicher Sportmoment? Erlauben Sie Ihrem Gehirn, jetzt gleich für Sie ein paar Dopamine und Serotonine, die „Glückshormone", auszuschütten. Schließen Sie die Augen und erinnern Sie sich. Beenden Sie diese Übung nicht eher, bis Sie merken, dass Sie ein Lächeln nur noch mit Mühe und Konzentration unterdrücken können, und lesen Sie erst danach weiter.*

Und jetzt verstärken wir das Ganze noch:

Hinter Ihrem Brustbein, auf halber Höhe, sitzt die Thymusdrüse. Sie ist für unseren Energiehaushalt und unsere Abwehrkräfte zuständig und hilft dabei, gesund und leistungsstark zu bleiben. Wenn Sie diesen Glücksmoment von vorhin vor Augen haben und das Glück nachempfinden können, klopfen Sie ein paar Mal mit den Fingern auf die Stelle, wo die Thymusdrüse sitzt, um sie zu aktivieren. Während Sie bei versöhnenden „Obwohl"-Sätzen eher den Energiepunkt an der Handkante aktivieren, eignet sich die Thymusdrüse als Bestärkungsmittel für Affirmationen!

Eine Übung aus dem neurolinguistischen Programmieren (NLP, nach dem Psychologen Richard Bandler und dem Linguisten John Grinder) ist das sogenannte „Ankern". Positive Gefühle werden dabei mit einer Berührung des Körpers gekoppelt, sodass nach kurzer Übungszeit das Gefühl schon allein dann auftritt, wenn lediglich die entsprechende Berührung erfolgt. Vergleichbar ist das mit dem pawlowschen Hund beim „klassischen Konditionieren" (nach dem russischen Physiologen Iwan Petrowitsch Pawlow) – natürlich ohne das Sabbern.

Im Interviewtraining empfehle ich dafür den Daumen, da dieser in fast jeder Situation unauffällig kurz gedrückt werden kann. Ich habe allerdings festgestellt, dass das Klopfen der Thymusdrüse einen weitaus stärkeren Effekt hat. Ich gebe zu, dass sich diese Technik nicht während eines Vorstellungsgesprächs, eines Meetings oder eines Interviews eignet, aber für ein Selbstcoaching zwischendurch ist das Klopfen der Thymusdrüse prima!

 Das Klopfen der Thymusdrüse wirkt beruhigend und ausgleichend und ist ein wunderbares Werkzeug für eine Extraportion Power zwischendurch!

## Gelassenheitsrituale

Es liegt in der Natur des Menschen, täglich wiederkehrende Handlungen gleich oder sehr ähnlich ablaufen zu lassen, denn diese wenig innovative Vorgehensweise hat den Vorteil, dass sie ein Sicherheitsgefühl und damit auch innere Ruhe mit sich bringt. Gehen Sie einmal in Gedanken Ihren typischen Morgen durch und stellen Sie sich vor, Sie würden morgen früh alles komplett anders machen. Und am Tag danach wieder. Geben Sie es zu – es würde Sie anstrengen, denn Sie müssten noch vor dem ersten Kaffee kreativ sein. Oder stellen Sie sich vor, Sie würden sich jeden Morgen einen neuen Weg zur Arbeit ausdenken. Das kann ja zwischendurch ganz inspirierend sein, aber eine gewisse Routine und „Monotonie" verleiht dem Gemüt Ruhe und Verlässlichkeit, bevor es im Büro wieder hoch hergeht.

Wenn Sie nun Ihre morgendliche Routine um tief empfundene Dankbarkeit erweitern, ist der Grundstein für einen guten Tag gelegt. Ihnen ist doch klar, dass Dankbarkeit einen sehr großen Teil zur inneren Gelassenheit beiträgt? Sie werden es nämlich nicht schaffen, für etwas wahrhaft dankbar und dabei gleichzeitig so gestresst zu sein, dass Sie z. B. einen knurrenden Magen ignorieren.

Zur Verdeutlichung:

Stellen Sie sich vor, Sie sind hundemüde. Hundemüde und hungrig. Sie sind in einer fremden, total überfüllten und lauten Stadt, in der Sie sich nicht auskennen, und der Lärm scheint nur Ihnen allein aufzufallen. Es ist eiskalt, es nieselt und Sie sind nicht wetterfest gekleidet. Egal wo Sie hingehen, Sie werden angehupt oder von irgendwem angebrüllt. Man hat Ihnen ein Hotel gebucht, wo Sie jetzt ankommen: zwei Sterne maximal. Das Zimmer ist winzig, einzige Lichtquelle ist eine surrende Neonröhre, die Wände scheinen aus Pappe zu sein, jedenfalls können Sie das Telefongespräch aus dem Nachbarzimmer mit anhören. Die Handtücher sind ausgefranst, der Teppich ist fleckig und das scheint hier auch so üblich zu sein. Sie machen die ganze Nacht kein Auge zu, denn Sie spüren die Bettfedern der viel zu weichen und durchgelegenen Matratze. Um 9:00 Uhr erwartet man Sie zum Meeting. Sie kommen an, aber niemand sonst taucht auf. Es ist auch niemand telefonisch zu erreichen. Sie befinden sich in einer durch und durch unglücklichen Situation.

Ich denke, jetzt, da Sie sich dieses Szenario bildlich vorstellen, können Sie Dankbarkeit dafür verspüren, dass Sie sich in diesem Moment des Lesens genau da befinden, wo Sie sind. Kann das sein? Sie haben vermutlich ein Dach über dem Kopf und Sie haben die Mittel, sich zu kleiden, zu essen und zu trinken, Sie leben in hygienischen Verhältnissen und nicht in einer Wellblechhütte. Seien Sie täglich dankbar dafür! Es geht nämlich auch anders.

## Jeden Morgen ein guter Start

*Lassen Sie nach dem Aufwachen die Augen vorerst noch geschlossen und bleiben Sie noch einen Moment liegen. Bedanken Sie sich gedanklich für alles, was Ihnen der Tag bringt, ganz egal, was es sein wird. Gehen Sie vertrauensvoll davon aus, dass Sie aus den heutigen Erfahrungen gestärkt hervorgehen werden. Betrachten Sie schwierige Situationen als Ihr persönliches Trainingsgerät, mit dem Sie Ihren „Gelassenheitsmuskel" trainieren, und empfinden Sie Dankbarkeit für dieses Trainingsgerät, das Ihnen der Tag gratis mitgibt.*

### Mirko B., 39, Architekt

*Im Coaching habe ich gelernt, auch für Kleinigkeiten dankbar zu sein. Inzwischen gehört es ganz selbstverständlich zu meinem Tagesablauf, dass ich noch im Bett liegend meine Thymusdrüse klopfe und mir bewusst mache, was alles in meinem Leben großartig läuft, ohne, dass ich etwas dazu tun muss. Ich fand es zunächst lästig, meine Gedanken, Gefühle und Bedürfnisse ständig zu beobachten, aber schon nach wenigen Tagen machte es regelrecht Spaß. Es gab urplötzlich und fast ganz von allein ein Mehr an Elan in meinem Alltag. Das ist genial!*

Sie können morgendliche Positiv-Gedanken bekräftigen, indem Sie Absichten äußern:

▸ „Ich beabsichtige Folgendes: Heute läuft mein Tag wie geschmiert!"

▸ „Ich wünsche Folgendes: Heute herrscht totale Harmonie im Büro."

▸ „Ich bestimme Folgendes: Ich bin zur richtigen Zeit am richtigen Ort."

Jedes Mal, wenn etwas Ihrer Wahrnehmung nach reibungslos klappt (vor allem auch „Nichtigkeiten" wie Treppensteigen ohne zu stolpern – Sie würden es nämlich einige Tage lang sehr wohl wahrnehmen, wenn diese selbstverständliche Kleinigkeit einmal nicht gelänge …), machen Sie in Gedanken einen Strich auf dem „Hat-geklappt-Konto". Oder legen Sie sich ein Heft zu, in das Sie alle guten Momente hineinkritzeln – egal wie kurz sie sind. Wenn Sie sich vornehmen, so oft es geht „Danke, danke, danke für…" zu denken oder zu sagen, werden Sie feststellen, dass sich Ihre Wahrnehmung ändert und dass Sie an innerer Ruhe gewinnen. Übermäßiges Danken (falls es so etwas überhaupt gibt) macht Ihr Unterbewusstsein quasi im Vorbeigehen auf das Gute aufmerksam.

Ankern Sie das Gefühl, wenn Ihnen etwas gelingt, wenn Ihnen etwas Gutes widerfährt oder wenn Sie positiv überrascht werden. Behalten Sie diese Dinge in Erinnerung und pflegen Sie die Erinnerung an diese starken Momente, denn sie dienen Ihnen als Ressourcen in herausfordernden Situationen.

## Abendritual für das „innere Kind"

Das „innere Kind", das jeder Mensch in sich trägt, kann trotzig und beleidigt sein, es kann auf Rache sinnen oder Schadenfreude empfinden. Es kann gekränkt sein oder verunsichert. Weil Sie dieses innere Kind aber nicht immer und überall hin mitnehmen können – beim Geschäftsessen hat es zum Beispiel nichts zu suchen –, braucht es manchmal eine besonders große Portion Zuneigung.

### Hendrik F., 49, Geschäftsführender Gesellschafter

*Mein Vater sagte mir immer: „Oben auf dem Gipfel ist es sehr einsam." Recht hat er. Als Chef genieße ich zwar eine ganze Reihe von Privilegien, aber ich stehe eben für alles, was schiefgeht, auch alleine gerade. Die Last der Verantwortung drückt manchmal schon sehr auf meine Schultern. Aber das kann ich ja schlecht meinen Mitarbeitern zeigen. Das würde diese ja nur unnötig verunsichern. Manchmal, wenn alle schon das Büro verlassen haben und ich alleine noch da bin, verspüre ich das Bedürfnis, den Hörer in die Hand zu nehmen und mal kurz meine Mutter anzurufen, um mir ein paar aufbauende Worte von ihr abzuholen. Leider lebt sie schon lange nicht mehr.*

## Pflegen Sie Ihr „inneres Kind"

*Gewöhnen Sie sich an, vor dem Einschlafen in Gedanken mit Ihrem „inneren Kind" zu reden. Loben Sie es und sagen Sie ihm, wie stolz Sie sind. Und zwar nicht etwa, weil Sie etwas Tolles geleistet haben oder Ihnen etwas Geniales gelungen ist, sondern einfach nur, weil es dieses innere Kind gibt und ausgerechnet dieses innere Kind zu Ihnen – und nur zu Ihnen – gehört! Liebevoller Stolz auf sich selbst, der Ihnen im ersten Moment vielleicht vollkommen grundlos und aufgrund Ihrer Bescheidenheit womöglich ungehörig erscheint, kann ein wahres Zaubermittel für erholsamen Schlaf, inspirierende Träume und morgendliche Geschäftsideen sein.*

**Auf den Punkt gebracht:**

▸ Lächeln ist der richtige Weg. Lächeln macht gelassen.

▸ Stress ebbt ab, wenn der Tag mit Dank beginnt.

▸ Ihre Leistung steigt, wenn Sie den Tag versöhnlich beenden.

# Loslassen

## Das Ego

Was Sie von einem Zen-Meister unterscheidet, abgesehen von Ausgeglichenheit und unerschütterlichem Selbstvertrauen, ist Ihr Ego. Unser Ego kann ja so unglaublich anstrengend sein! Immer will es etwas, immer braucht es etwas, alle Nase lang will es gestreichelt, poliert oder wieder aufgebaut werden. Es lässt uns ungeduldig sein, denn das Ego tut sich schwer damit zu warten. Es macht uns beleidigt, denn das Ego braucht Bestätigung. Es erhitzt unser Gemüt so lange, bis es kocht, und wenn es überkocht, verbrennt sich das Ego die Finger. Es wird genährt von unserem Verstand und sorgt dafür, dass das wahre Selbst, die Intuition, schön im Verborgenen bleibt. Und es ruft uns pausenlos Unsinn zu, wie zum Beispiel:

▸ „Pass auf! Deine Existenz ist in Gefahr!"

▸ „Fahr die Ellenbogen aus, sonst wirst du untergebuttert!"

▸ „Zeig dem mal, was für ein toller Hecht du bist, sonst glaubt er noch, er sei besser als du!"

▸ „Streng dich an, sonst liebt dich keiner!"

▸ „Sieh zu, dass du gemocht wirst!"

▸ „Aufgepasst, dem musst du gefallen, der ist wichtig!"

▸ „Reiß dich zusammen und sei keine Memme!"

▸ „Sei fröhlich, sonst sieht es so aus, als hättest du dein Leben nicht im Griff!"

▸ „Ich muss tüchtig aufpassen, dass ich mich nicht ausnutzen lasse. Man kann es mit der Hilfsbereitschaft nämlich auch übertreiben!"

▸ „Wenn ich auch in schwierigen Zeiten tapfer bin, werde ich dafür geachtet."

▸ „Wenn ich zu freundlich bin, wirke ich oberflächlich oder anbiedernd."

▸ „Ich achte darauf, alles anders zu machen, als es meine Eltern von mir erwarten."

Wären Sie mehr von Ihrer Intuition geleitet, könnte Sie so schnell nichts aus der Ruhe bringen. Ihre Intuition hätte es nämlich gar nicht erst so weit kommen lassen, dass Sie sich nach Gelassenheit sehnen. Sie hätten sie einfach. Wenn Sie Ihrem Bauchgefühl folgen, können Sie gar nichts falsch machen, denn sobald es Sie von etwas abhält, springt der Verstand an und erklärt Ihnen, warum Sie zögern, damit Sie beruhigt sind.

### Herr K. und das ignorante Ego

*Herrn K. wird ein großartiger Posten innerhalb der Firma angeboten: tollerer Titel, Eckbüro mit Blick über die Stadt, mehr Verantwortung, mehr Geld, Firmenwagen. Man sollte meinen, er würde in einem unbeobachteten Moment in die Luft springen, die Faust recken und „Strrrrrike!!!" rufen. Tut er aber nicht. Irgendetwas hält ihn zurück. Seine Intuition sagt ihm, dass an der Sache etwas faul ist. Sein Verstand (Ego) sagt aber: „Quatsch, greif zu!" Er greift zu und stellt nach kurzer Zeit fest, dass er neuerdings mitsamt seiner starken Flugangst permanent in der Businessclass sitzt, nur noch in Hotels übernachtet und für die Familie kaum noch Zeit hat.*

Geahnt hat er all das ganz intuitiv auch vorher schon, allerdings hat sein Verstand das nicht wahrhaben wollen.

Das Ego will Recht haben und Recht behalten. Das Ego will bestimmen, andere umstimmen, überstimmen, überreden, überzeugen. Das Ego will sich darstellen und besser sein als der andere. Das Ego entscheidet, wer der Gute und wer der Böse ist, wer der Gewinner und wer der Verlierer ist, und das Ego fällt Urteile.

> Je stärker ausgeprägt das Ego ist, desto offener sind Sie für Stress, Ärger, Frust und Druck von außen.

Stellen Sie sich einmal vor, dass der Mensch, der Ihnen andauernd Wege versperrt und den Sie abgrundtief verachten, ein ganz armer Tropf ist. Eine armselige, bemitleidenswerte Kreatur, der es an *allem* mangelt, was Freude bereitet. Was ist, wenn diese Person seit jeher mit sich selbst genauso mies umgeht wie mit Ihnen? Was ist, wenn derjenige einen weiteren Selbstvorwurf, weitere Selbstschelte, Scham oder Selbstanklage nicht mehr ertragen kann und ihm dadurch nur noch die Möglichkeit bleibt, verbal um sich zu schlagen oder eine unsympathische, aber schützende Mauer um sich herum zu errichten? Was empfinden Sie bei dem Gedanken? Wenn Sie jetzt denken „Recht so!" oder „Verdient hätte er's", macht sich Ihr Ego wieder breit, das Sie bei nächstbester Gelegenheit wieder unter Strom setzen wird. Was würde denn der imaginäre Heiligenscheinträger aus einem der vorigen Kapitel in diesem Fall tun?

Solange Ihr Ego über Sie bestimmt, nutzen Sie Ihre Verantwortungsmacht nicht so, wie Sie es könnten. Sie lassen sich durch blockierende Emotionen zu negativen Reaktionen verleiten, kurz: Sie lassen sich gehen, sind passiv, und passiv = Opfer. Erinnern Sie sich: Solange Sie Triumph- oder Rachegefühle hegen, sorgen Sie selbst dafür, dass immer jemand in Ihrem Umfeld auftaucht, dem es gelingen wird, auch über Sie zu triumphieren.

### Fremde Federn

*Frau Dr. P.'s Kollege ist an Arroganz nicht zu übertreffen. Er prahlt, schmückt sich mit fremden Federn, behandelt niedriger gestellte Mitarbeiter herablassend und benimmt sich gönnerhaft. Ihre Intuition hat Mitleid mit ihm, aber ihr Verstand (Ego) sagt ihr: „Halt dich bloß von dem fern oder lass ihn bei nächstbester Gelegenheit einfach mal auflaufen."*

Würde Frau Dr. P. auf Ihre Intuition hören, könnte sie mithilfe Ihres Verstandes herausfinden, warum der Kerl sich so benimmt, und sie würde feststellen, dass sich hinter dieser Fassade ein ganz unsicherer Mensch versteckt. Manchmal ist es aber einfach auch bequemer, das Ego gewinnen zu lassen.

# Verantworten, delegieren, Kontrolle abgeben

### Verantwortung abgeben – privat und im Job

*Bettina ist Mutter einer 11-jährigen Tochter und arbeitet in einer Münchener Event-Agentur. Nun muss Bettina für drei*

> *Tage dienstlich verreisen und bittet ihren Mann Stefan, die*
> *Tage gemeinsam mit der Tochter ausklingen zu lassen und*
> *diese dann zu Bett zu bringen. Leider handelt es sich um*
> *genau die Tage, an denen Stefan für gewöhnlich zum*
> *Sporttraining geht, was er auch an diesen Abenden zu tun*
> *gedenkt. „Du kannst ruhig auch mal verzichten, Stefan",*
> *befindet Bettina, während dieser aber die Notwendigkeit*
> *des Verzichts gar nicht sieht, denn er meint, die Tochter sei*
> *alt genug, selbstständig schlafen zu gehen.*

Natürlich wäre es schön, wenn Stefan beim Kind bliebe, aber *muss* er das? Verständlicherweise möchte Bettina sicherstellen, dass sie ihr Kind nach der Geschäftsreise wohlbehalten und gesund vorfindet. Doch zusätzlich zu diesem Ziel hegt sie den Wunsch, Stefan möge diese elterliche Aufgabe so selbstlos erledigen, wie sie es tun würde, wenn sie daheim wäre. Um nun die Geschäftsreise aber sorglos wahrnehmen zu können, muss Bettina die Verantwortung für das Mädchen vertrauensvoll dem Vater übertragen und dieser muss selbst einschätzen, was er seinem Kind zumuten kann und was nicht. Stefan ist ein umsichtiger und liebevoller Vater, und er würde niemals gegen das Interesse seiner Tochter handeln. Seine Einschätzung, dem Mädchen zumuten und zutrauen zu können, selbstständig ins Bett zu gehen, kommt dabei seinen eigenen Interessen passenderweise entgegen.

Gelassenes Delegieren heißt also nicht nur abgeben, sondern auch loslassen. Dafür muss der Stellvertreter sorgsam ausgewählt sein, es muss eine Vertrauensbasis vorhanden sein und das Ziel muss vorher klar definiert werden. Stellen Sie klar, was Ihnen bei der Vorgehensweise wichtig ist. Wie die stellvertretende Person dieses Ziel erreicht, müssen Sie dann aber wohl oder übel ihr überlassen.

Die Geschichte ging übrigens so aus, dass sich Bettina entschloss, das Thema auf sich beruhen zu lassen und nichts mehr dazu zu sagen. Stefan wiederum fühlte sich dadurch vollkommen verantwortlich, denn seine Frau hatte für die Abende ihrer Abwesenheit die Fäden komplett aus der Hand gegeben. Er bevorzugte es daher doch lieber, daheim zu bleiben.

Wer Verantwortung tragen soll, muss diese auch spüren.

## Nicht schuldig!

Wenn etwas in Ihrem Alltag nicht rund läuft, fällt es Ihnen vermutlich leicht, eine Ursache dafür zu finden: „Man" raubt Ihnen Ihre Motivation, Sie können sich nicht richtig auf die Mitarbeiter verlassen, Ihre Position ist gefährdet, Sie fühlen sich als Chef nicht ernst genommen, jemand greift Sie verbal an oder blamiert Sie, der Umgangston ist rau, Sie fühlen sich unterbezahlt oder es wird von Ihnen erwartet, dass Sie sich mal wieder vierteilen. Das mag alles so sein, und es ist tatsächlich zum Haare raufen.

Und jetzt? Was wollen Sie tun? Den Job wechseln? Die Belegschaft austauschen? Beim Betriebsrat vorsprechen? Das Gespräch mit dem Chef oder mit dem Kollegen suchen? Gute Idee, tun Sie das! Fragen Sie sich jedoch *zusätzlich*, was Sie aus einer widrigen Situation über sich selbst lernen können, denn ich rate Ihnen dringend, unangenehmen Umständen immer auch mit einer Prise Selbstreflexion zu begegnen.

## Blitz-Selbstreflexion im „Notfall"

▸ Step 1: „Wie heißt gerade mein Stressgefühl?"
Angst, Scham, Schuld, Wut, Traurigkeit oder Frust? Benennen Sie nur das Gefühl, ohne es zu analysieren oder zu interpretieren.

▸ Step 2: „Was genau ist in dem Moment passiert, als dieses Gefühl in mir aufgetaucht ist?"
Gab es einen anklagenden Anruf oder eine Mail? Wurden Sie zur Rede gestellt oder verbal angegriffen? Hat Sie ein bestimmtes Wort getroffen? Haben Sie gerade mit Schrecken bemerkt, dass Ihnen ein Fehler unterlaufen ist? Ist es die bloße Anwesenheit einer „unangenehmen" Person? Klären Sie diese Frage für sich.

▸ Step 3: „Her mit meiner Selbstachtung, los!!!"
Beim Thema Kritik ist zwischen vorwurfsvoller Anklage und wohlgemeinten Verbesserungsvorschlägen zu unterscheiden. Vielen Menschen liegt der Unterschied in der Kommunikation aber nicht und sie greifen versehentlich oder aus Gewohnheit zu Variante 1. Wer Sie aber maßregelt, behandelt Sie herablassend. Wer Ihnen ins Gewissen redet, manipuliert Ihre Gefühle. Wer Sie über Ihre Kapazität hinaus belastet, handelt leichtfertig. Und wer Sie den Fehler eines anderen ausbaden lässt, handelt unprofessionell. Lassen Sie nur Wohlgemeintes an sich herankommen!

▸ Step 4: „Jetzt sage ich ‚Stopp'!"
Ist etwa gerade jemand zu Ihnen gekommen und hat gesagt: „Los, hab jetzt Angst, aber dalli!" Oder wurden Sie aufgefordert: „Könnten Sie bitte noch ein wenig frustrierter sein?" Natürlich nicht. Allerdings hat Ihnen

offenbar jemand gerade ein ungutes Gefühl gegeben und Sie haben es angenommen! Machen Sie sich klar, dass Ihnen niemand auf Gefühlsebene etwas antun kann, wenn Sie das nicht auch „zulassen". Lernen Sie unbedingt Ihre persönlichen Grenzen kennen, entwickeln Sie ein Gespür dafür, wann die Grenze fast erreicht ist, und sagen Sie rechtzeitig „Stopp". Und zwar noch weit bevor Ihnen jeglicher Sinn für Humor vergeht.

▸ *Step 5: „Ich bleibe gelassen und gesund."*
Ja, bitte! Denn wenn Sie Ihre Grenze nicht kennen, springt auch Ihr „Stopp"-Zeichen nicht rechtzeitig an. Sie nehmen mehr schlechte Gefühle in Kauf als für Ihren Körper gut ist.

> Es ist Ihre Pflicht, sich selbst respektvoll zu behandeln und Schuldgefühle zu unterbinden. **!**

Lernen Sie Ihre Grenzen kennen und respektieren Sie diese. Es nützt Ihnen gar nichts, die „Schuld" für Ihre Emotionen bei anderen oder bei den Umständen oder in der Vergangenheit oder bei sich selbst zu suchen, denn mit Schuldzuweisungen treten Sie auf der Stelle. Wahres Verantwortungsbewusstsein verteilt nämlich keine Schuld. Schuldzuweisungen sorgen nur für weitere negative Gefühle und schieben Sie in der Spirale immer weiter abwärts. Gelassener werden Sie dadurch jedenfalls nicht. Hören Sie also auf damit!

Niemand kann etwas dafür, wenn Sie das Schuldgefühl tatsächlich auch annehmen, das man Ihnen geben will. Und niemand kann etwas dafür, dass Sie aus diesem

Schuldgefühl heraus Ängste, Frustrationen oder Ärger entwickeln. All diese Emotionen basieren allein darauf, was Ihr Gehirn zu produzieren gewohnt ist. Der Auslöser für Ihren Gemütszustand mag ja vielleicht jemand anderes sein, aber er ist niemals die Ursache!

> Lassen Sie sich nicht vom Stress und dem Ärger der Kollegen anstecken. Ihr inneres „Stoppschild" hilft Ihnen, Ärger auf Distanz zu halten.

Genauso, wie nur Sie selbst für Ihr eigenes Gefühlsleben verantwortlich sind, sind umgekehrt auch die Kollegen zuständig für ihre Empfindungen. Wer glaubt, Ihretwegen in eine missliche Lage geraten zu sein, kann und sollte dies selbstverständlich äußern, damit Sie die Chance haben, Ihr Verhalten oder Ihre Art des Kommunizierens zu überdenken, aber: Die *Gefühle*, die Sie bei einem anderen Menschen auslösen, fallen immer und ausschließlich in den Zuständigkeitsbereich des anderen. Sollte Ihnen jemand direkt oder indirekt Schuldzuweisungen machen wollen à la „Ihretwegen gerate ich jetzt in totale Hektik" oder „Na, schönen Dank auch, dass ich den Schlamassel jetzt ausbaden darf", dann denken Sie an Ihr inneres Stoppschild, damit Sie sich nicht persönlich angegriffen fühlen und somit im Idealfall hilfsbereit und lösungsorientiert bleiben.

> Selbstachtung und das Respektieren der eigenen Grenzen muss einhergehen mit der Achtung anderer und dem Respekt vor deren Grenzen.

### Versöhnlichkeit bei Missverständnissen

*Wenn Sie feststellen, dass sich jemand durch Ihr Handeln oder Ihre Worte hat kränken lassen, ist ein entgegenkommendes Friedensangebot angebracht. Auch wenn die andere Person in Ihren Augen überempfindlich reagiert, versuchen Sie, Ihren Stolz zu überwinden, und machen Sie den ersten Schritt: „Ich sehe, dass Sie meinetwegen verärgert sind. Das habe ich nicht beabsichtigt. Ich würde gerne mit Ihnen gemeinsam eine Lösung für diese Situation finden."*

Lehnt der andere Ihr Angebot ab oder weist er Sie zurück, war es für ihn offenbar noch zu früh, denn seine „Wunde" war noch nicht „verschorft". Allerdings ist es jetzt nicht mehr zwangsläufig an Ihnen, die Versöhnung ein zweites Mal einzuleiten – je nachdem, wie großmütig Sie sein können. Doch achten Sie ab jetzt auch auf nonverbale Friedenszeichen und gehen Sie gegebenenfalls darauf ein.

Jeder mündige, denkende Mensch kann sich selbst aussuchen, zu welcher Denkerkategorie er gehören will, was er gerne wahrnehmen *will* und wie er sich dann dabei fühlt. Wenn Sie bisher zur Gattung der „Stressdenker" gehört haben, sollten Sie sich jetzt und hier entscheiden, die angenehme Alternative vermehrt wahrzunehmen: Ruhe und Gelassenheit. Und dazu benötigen Sie noch nicht einmal Duftkerzen oder ätherische Badezusätze (auch wenn so etwas zwischendurch immer mal ganz nett ist). Wie *wollen* Sie also ab heute mit Stressfaktoren umgehen? Gelassen oder aufgebracht? Zuversichtlich oder verzweifelt? Vertrauensvoll oder verschreckt? Kindlich-trotzig oder erwachsen-souverän? Gekränkt oder professionell?

Wie konsequent kontrollieren Sie Ihre Gedanken und Ihre Erwartungshaltung? Genau da liegt nämlich der Hund begraben. Für alles, was Sie in Ihrem Leben einfach so geschehen lassen (auch die Gedanken), tragen Sie genauso die Verantwortung wie für das, was Sie bewusst steuern. Der chinesische Philosoph Laotse (4–3 Jh. v. Chr.) sagte: „Verantwortlich ist man nicht nur für das, was man tut, sondern auch für das, was man nicht tut." Freuen Sie sich über Ihr Herz und steuern Sie bewusst Ihr Hirn. Wenn Sie sich entscheiden sollten, nichts weiter zu unternehmen als nur dieses Buch zu lesen, ohne das Gelesene anzuwenden, könnte man fast schon von „unterlassener Hilfeleistung" sprechen.

Verantwortung bedeutet nichts anderes als ausgeübte Macht. Wer mächtig ist, trägt Verantwortung. Das Gegenteil davon wäre „Ohnmacht" oder „Machtlosigkeit". Macht zu haben ist etwas Wunderbares, sofern sie anständig, aufrichtig und besonnen eingesetzt wird. Machen Sie etwas daraus!

Ihr „Stressdenker"-Programm ist leicht und mühelos umwandelbar, wenn Sie das wirklich von Herzen wollen und sich dies als Ziel ohne Zeitlimit setzen. Üben Sie ruhig spielerisch, wenden Sie die Übungsvorschläge an, sooft sie nur können, übertreiben Sie dabei maßlos und genießen Sie es! Nur so kann sich das neu gewählte Gelassenheitsmuster festigen und verselbstständigen.

Wenn Sie es schaffen, nachsichtiger mit sich selbst zu sein und in Anbetracht Ihrer vermeintlichen „Schwächen" ein Auge zuzudrücken, sollte Ihnen das auch bei anderen gelingen. Durch die Aktion des Ver*gebens* fühlen Sie sich nicht mehr verantwortlich für das Wohl bzw. in diesem Fall für das Weh des anderen. Und schon lassen Sie innerlich die Personen los, die Ihr Wohlbefinden beeinträchtigen. Das Ego-Programm startet seine Veränderung in genau jenem Moment. Das Resultat: Gelassenheit.

## Verzeihen. Bitte was?!

Wie leicht fällt es doch, der Nervensäge oder dem durchtriebenen Widerling eine postpubertäre Akne oder eine ordentlich Blamage an den Leib zu wünschen. Sie werden es nicht hören wollen, aber dennoch: Lassen Sie's gut sein. Rachegelüste sind zwar menschlich, aber leider alles andere als konstruktiv. Über kurz oder lang führen sie sowieso nur zu Enttäuschung, wenn nämlich der Schaden, den Sie demjenigen wünschen, gar nicht vor Ihren Augen eintritt und Sie gar nicht überprüfen können, ob er denn seine Missetat auch einsieht. Unerfüllte Triumphwünsche sind so frustrierend wie ein verregneter Sommer. Wir fragen uns, was das Ganze soll, und Einfluss nehmen können wir auch nicht. Außerdem haben Ihnen diese Wünsche bisher auch nicht viel genützt, oder? Jedenfalls nicht langfristig. Und das wird auch so bleiben, denn wenn Sie in Richtung Rache denken, sind Sie in dem Modus „Sehnsucht nach Triumph". Und logischerweise können Sie sich nur nach etwas sehnen, was in weiter Ferne zu liegen scheint. In dem Moment aber, in dem Sie Ihre Triumphsehnsucht aufgeben und sich für dieses Thema nicht mehr interessieren, fällt automatisch und unmittelbar Druck von Ihnen ab. Die Methode hat eine recht altmodische Bezeichnung. Man nennt sie „verzeihen".

### Patricia S., 31, Marketing-Managerin

*Es war zum Verzweifeln mit meiner Kollegin. Sie war launisch und link. Informationen kamen auf den letzten Drücker, wenn überhaupt, und waren oft unvollständig. Das kannte ich schon von meinem Job im Ausland. Im Business Coaching lernte ich folgende Übung kennen: Ich stellte mir vor, diese Kollegin säße mir gegenüber. Dann sagte ich laut, dass ich ihr verzeihe, dass sie nicht so ist, wie ich sie gerne hätte, bat mich selbst um Verzeihung, weil ich diese Person in meine Nähe hatte kommen lassen, und wünschte meiner Kollegin einen wunderbaren neuen Job, der sie erfüllte und wo sie tolle Erfolge erzielen konnte. Davon abgesehen, dass die Frau tatsächlich knapp acht Wochen später ihre Kündigung einreichte, hatte ich sofort nach der Übung ein wohliges Gefühl.*

Keine Sorge, Sie werden nicht gleich zum Zauberlehrling, nur weil Sie jemandem verzeihen, aber wundersame Dinge passieren mitunter durchaus, wenn man einmal anfängt, sich in der Kunst des Vergebens zu üben. Wie das Wort schon sagt, ver*geben* Sie dabei etwas. Sie geben die Zuständigkeit für das Strafmaß ab. Auf diese Weise lassen Sie innerlich los. Und das fühlt sich großartig an, geradezu triumphal!

### Übung für eine starke innere Haltung

*Stellen Sie sich vor, „Ihr" Energiedieb säße neben Ihnen, und lesen Sie ihm einmal folgenden Satz vor, auch wenn es Sie gerade Überwindung kosten sollte: „Herr/Frau XY, ich verzeihe Ihnen Ihre Wesensart. Ich verzeihe Ihnen, dass Sie nicht so sind, wie ich Sie gerne hätte." Wiederholen Sie das so oft, bis Sie keinen Widerstand mehr spüren.*

*Oder Sie probieren es schriftlich:*

*„Liebe(r) XY, am liebsten würde ich Sie verändern, aber da das nicht geht, verzeihe ich Ihnen jetzt, dass Sie nicht so sind, wie ich Sie gerne hätte, und ich wünsche mir, dass Sie ab jetzt ein wunderbares Leben außerhalb meines Umfelds führen." Danach schmeißen Sie den Zettel einfach weg.*

Mit einer Übung wie dieser stimulieren Sie Ihre Selbstachtung und werden dies auf der Stelle merken. Ihre innere Haltung ändert sich durch dieses Verzeihensexperiment und das führt sehr schnell zu merklichen, positiven Veränderungen im alltäglichen Leben. Freuen Sie sich über plötzlich auftretende „Merkwürdigkeiten" und „Zufälle". Genießen Sie jeden einzelnen Moment, der auf einmal so ganz anders verläuft als Sie es bisher kannten. Denken Sie auch daran, sich selbst die eine oder andere Niederlage zu verzeihen. Immerhin haben Sie sich in der Vergangenheit ganz schön oft ärgern lassen und sich nur wenig dagegen geschützt!

### Mail von einer meiner Coaching-Klientinnen

*Liebe Katja,*

*wie Du ja weißt, hatte ich Probleme mit meiner Schwester. Als Du mir sagtest, dass sie mir möglicherweise auf ihre Art den Spiegel vorhält, war ich drauf und dran, das Coaching abzubrechen. Aber ich bin wiedergekommen. Ich habe ihr „den Brief" geschrieben, wie wir es besprochen hatten, und ihn wieder und wieder gelesen, jeden Tag, während ich dabei so tat, als säße meine Schwester neben mir. Dabei*

> *weinte ich viel. [...] Nach drei Wochen passierte etwas, das sich für mich wie ein Wunder angefühlt hat: Ich konnte plötzlich überhaupt keine Wut oder Verachtung mehr für sie empfinden. Diesen Zustand kannte ich gar nicht mehr. Und als mir das klar wurde, verspürte ich auf einmal das Bedürfnis, mit ihr zu telefonieren. Ich rief sie aber nicht an, sondern sagte vorsichtshalber erstmal nur ein paar Mal laut: "Katharina, ich melde mich in den nächsten Tagen bei dir, und ich wünsche mir, dass wir uns wieder lieb haben können". Zwei Tage später klingelte das Telefon und meine Schwester war dran. Sie meinte, sie hätte mich vermisst und wollte fragen, wie es mir geht. [...] Ich fühle mich richtig befreit! Danke vielmals für Deine Hartnäckigkeit.*
>
> *Bis demnächst, Jennifer*

Menschen, die Ihnen Energie, Kraft, Würde und den letzten Nerv rauben, werden dauerhaft aus Ihrem Leben verschwinden, wenn Sie einmal den Entschluss fassen, dass das so sein soll. Vorher aber können sie Ihnen noch als Spiegel oder Botschafter für Ihr persönliches Wachstum dienlich sein. Nutzen Sie dieses Gratisangebot des Lebens!

Aggressivität, Überheblichkeit oder Besserwisserei sind wenig beliebte Wesensarten und wer eine solche in sich trägt, wird diese kaum mit stolz geschwellter Brust vor sich her tragen, sondern wird sie eher verneinen. Sind dies aber unliebsamerweise Teile Ihrer Persönlichkeit, führt das Verneinen dazu, dass Sie einen Teil Ihres Selbst verleugnen und unterschwellig immer Angst haben, irgendwann durch irgendwelche Leute oder Umstände enttarnt zu werden. Sie bauen dadurch einen immensen Druck bei sich selbst auf.

Machen Sie sich bewusst, dass *jede* vermeintlich negative Wesensart auch für etwas gut sein kann, wenn sie denn richtig eingesetzt wird. Aus widerspenstigen, aufmüpfigen Kindern können später wagemutige Greenpeace-Aktivisten werden, die mit Schlauchbooten gegen den Walfang demonstrieren. Ein „geldgieriger Karrierist" denkt in großen Dimensionen und hat mit Sicherheit keine Scheu, auch mit enormen Summen zu hantieren, was nicht unbedingt jedermanns Sache ist. Wer schnell aufgebracht ist, verfügt andererseits auch über ein hohes Maß an Power, und wer schnell eingeschnappt ist, ist eben auch sehr feinfühlig. Der Besserwisser nimmt die Dinge gerne sehr genau und der Überhebliche traut und mutet sich andererseits auch eine Menge zu. Es existiert keine Eigenschaft, die durch und durch schlecht ist. Es kommt eben darauf an, was Sie aus ihr entstehen lassen.

Um überhaupt die Fähigkeit zu entwickeln, jederzeit gelassen zu sein, ist es wichtig, die eigenen vermeintlichen „Schwächen" nicht nur zu kennen, sondern sich mit ihnen zu versöhnen und sich *mit* diesen Eigenschaften zu akzeptieren, zu mögen und zu lieben. Versuchen Sie auch einmal den Positivaspekt Ihrer „Schwäche" ausfindig zu machen. Es gibt ihn auf jeden Fall!

### Karsten N., 43, Leiter Qualitätssicherung

*Im Studium hatte ich eine Kommilitonin, die bei jeder Kleinigkeit ausrastete und laut und ausfallend wurde. Bei meinen Jobs kannte ich es gar nicht anders, als dass mein Boss die Mitarbeiter anbrüllte. Mir schlug das richtig auf den Magen. Im Coaching stellte ich fest, dass ich selbst dazu tendierte, in Frustsituationen eher wütend als betrübt zu* werden. Um cholerische Menschen mehr und mehr aus meinem direkten Umfeld auszuschließen, habe ich mich zunächst mit meiner eigenen cholerischen Ader versöhnen müssen. Ich lernte, mich trotz meines Wutpotenzials zu akzeptieren und zu achten. Jedes Mal, wenn ich jetzt in mir Wut aufsteigen fühle, aktiviere ich kurz zwei oder drei Akupressurpunkte an meiner Hand und merke, wie ich unmittelbar ruhiger werde.

## Erste Schritte zur Selbstakzeptanz

▸ Denken Sie an zwei oder drei Personen, die Ihnen zusetzen.

▸ Benennen Sie deren Eigenschaften.

▸ Gehen Sie davon aus, dass Sie diese entweder ebenfalls in sich tragen oder aber gerne in sich tragen würden.

▸ Benennen Sie Ihr Gefühl, das sich bei dem Gedanken an diese Eigenschaft bei Ihnen einstellt. Meist ist es Verachtung, Scham oder Neid.

▸ Äußern Sie laut die Absicht, sich ab jetzt so zu akzeptieren wie sie sind:

„Obwohl ich auch überheblich sein kann, liebe und akzeptiere ich mich."

„Obwohl ich auch egoistisch sein kann, liebe und akzeptiere ich mich."

„Obwohl ich vielleicht ein wenig neidisch bin, liebe und akzeptiere ich mich."

„Obwohl ich nicht intellektuell bin, liebe und akzeptiere ich mich."

*„Obwohl es mir an Eleganz fehlt, bin ich vollkommen in Ordnung."*

*„Spinnen" Sie dieses Spiel ruhig noch ein bisschen weiter.*

Es gibt jede Menge „negativer" Eigenschaften, mit denen Sie täglich in Berührung kommen, aber es ist nur eine kleine Auswahl davon, die Ihnen auch wirklich zu schaffen macht. Sehen wir uns einmal die Unehrlichkeit an. Wohl niemand würde sagen, dass er Unehrlichkeit für eine erstrebenswerte Tugend hält, und viele kommen doch irgendwann einmal mit ihr in Berührung. Die einen sagen sich dann: „Unehrlichkeit ist schäbig. Ich gehe auf Abstand." Fertig. Die anderen aber sagen: „Unehrlichkeit verletzt mich zutiefst. Ich habe lange daran zu knacken, wenn jemand unaufrichtig zu mir ist."

Wenn Sie eher Letzteres sagen würden, sollten Sie sich fragen, ob Sie denn zu sich selbst jederzeit ehrlich und aufrichtig sind oder ob Sie sich und anderen manchmal etwas vormachen. Gibt es in Ihrem Leben eine Fassade? Gibt es ein Geheimnis? Gibt es etwas, das Sie in helleren Farben darstellen, als es in Wirklichkeit ist? Viele, die sich von Unehrlichkeit nicht nur naserümpfend abwenden, sondern sich regelrecht tief getroffen fühlen, haben oft auch Schwierigkeiten, sich selbst gegenüber ehrlich zu sein. Für all diejenigen gilt also:

**„Obwohl ich auch unehrlich (zu mir) sein kann, liebe und akzeptiere ich mich."**

**Auf den Punkt gebracht:**

▶ Ihr Ego manipuliert Ihre Gefühle, Ihre Handlungen und das, was Sie erleben.

▶ Schuldzuweisungen und Schuldgefühle sind destruktiv.

▶ Verzeihen bedeutet, die Sehnsucht nach Vergeltung hinter sich zu lassen, denn jegliche Sehnsucht macht unfrei.

# Trainingslager

## Training on the Job

Ohne aktives Training werden Sie in Sachen Gelassenheit auf keinen grünen Zweig kommen. Ich zeige Ihnen im Folgenden ein paar Herangehensweisen zur Inspiration, mit denen Sie sich in Stresssituationen zunächst einmal emotional abgrenzen können. Trainieren Sie jedoch in entspannten Momenten weiterhin Ihren „Selbstwertmuskel", damit sich Souveränität und Gelassenheit irgendwann die Hand reichen können.

### Kurze Störung

Ein Kollege kommt in Ihr Büro und möchte mit Ihnen sprechen. Sie sind gerade mit etwas Wichtigem beschäftigt, das Ihre ganze Konzentration erfordert. Sagen Sie dem Kollegen freundlich und wohlgesinnt, dass Sie ihn aufsuchen oder anrufen, wenn Sie mit dem, was Sie gerade bearbeiten, fertig sind. Wenn auf Ihre Abgrenzung ein „Nur ganz kurz: …" oder „Geht ganz schnell: …" folgt, fallen Sie dem Kollegen ins Wort („Entschuldigen Sie, dass ich Ihnen ins Wort falle, aber …) und bestehen Sie darauf, jetzt erst einmal *in Ruhe* weiterzuarbeiten.

### Im Meeting

Sie sprechen gerade und zwei Kollegen unterhalten sich oder sind unaufmerksam. Meistens genügt es schon, kurz innezuhalten und die Redseligen anzusehen. Hilft das nicht, sagen Sie zu einem (!) der beiden: „Herr X, ist etwas unklar?" Nimmt das Stören kein Ende, sagen Sie: „Herr X, ich bitte Sie, Ihre Unterhaltung nach draußen zu verlagern oder auf später zu verschieben. Danke." Dann fahren Sie mit Ihrem Beitrag fort.

## Gespräch beim Chef

Ihr Chef ruft Sie in sein Büro. Ihnen klopft das Herz bis zum Hals. Warum? Läuft da etwa in Ihnen das „Jetzt-gibt's-Ärger"-Programm ab? Atmen Sie ein, halten Sie die Luft an und atmen Sie bewusst aus. Wie groß kann der Ärger schon sein? Ganz egal, was Sie vergessen oder versäumt haben: Gehen Sie in diesem Moment unbedingt davon aus, dass Sie *jetzt* die Chance bekommen, alles wieder geradezubiegen, und dass Sie es schaffen, die Wogen wieder zu glätten. Gehen Sie *nur* mit stärkenden (!) Gedanken in dieses Gespräch. Achten Sie darauf, dass Sie innerlich so eingestellt sind, dass Sie Kritik als Verbesserungsvorschlag empfinden und nicht als „kritisch". Bleiben Sie resistent gegenüber Manipulationsversuchen.

## Oh nein! Ein Fehler!

Wenn bei einem Projekt etwas schiefgeht, weil zum Beispiel etwas Entscheidendes bei der internen Kommunikation untergegangen ist, schauen Sie lediglich darauf, was Sie selbst beim nächsten Mal anders machen wollen. Verzichten Sie darauf, sich selbst oder jemandem aus dem Team Vorwürfe für etwas zu machen, das jetzt in der Ge-

genwart nicht mehr zu ändern ist, weil dies eben in der Vergangenheit liegt. Wenn etwas wirklich Wichtiges danebengeht, liegt es meistens sowieso an einer ganzen Kette von Irrtümern, Versäumnissen oder Missverständnissen und nicht nur an der einzelnen Person.

## Souveränes Abgrenzen

Gewöhnen Sie sich an, Folgendes mit Selbstverständlichkeit zu äußern:

▸ „Entschuldigen Sie meine Verspätung – **ich habe mich aufhalten lassen**."

▸ „Verzeihung, **ich habe mich gerade ablenken lassen**. Würden Sie das bitte noch einmal wiederholen?"

▸ „**Da habe ich Sie offenbar missverstanden**. Ich war davon ausgegangen, dass …"

▸ „Ich habe mir vorgenommen, diese Aufgabe **in Ruhe** zu bearbeiten. Das wird eine Weile dauern."

Übernehmen Sie auch in der Kommunikation die Verantwortung für das, was passiert ist, oder für das, was ansteht, und erschaffen Sie sich durch Ihre Wortwahl selbst die Situation, die Sie sich wünschen.

## Es „brennt" an allen Ecken

Hektische Grundstimmung, ein zusätzliches Problem tritt plötzlich auf, fünf Leute wollen gleichzeitig eine Antwort von Ihnen und sind mehr oder weniger aufgebracht. Verhalten Sie sich wie in einem Brandfall: *Ruhe bewahren!*

Bleiben Sie immun gegen den Stress der anderen, lassen Sie sie toben. Das Einzige, was jetzt gefunden werden muss, sind Lösungen. Und jetzt spricht einer nach dem anderen. Ihre innere Haltung muss jetzt sein: Nummer 2 ist erst dann an der Reihe, wenn mit Nummer 1 alles bis zum Schluss besprochen ist. Lassen Sie Nummer 2 aber nicht achtlos „Schlange stehen". Ein kurz eingeworfenes „Augenblick, ich bin gleich bei Ihnen" ist tröstend für jemanden, der gerade glaubt, mit seinem Problem allein zu sein.

## Abhängig von der Leistung anderer

Schaffen Sie es, gelassen und zuversichtlich zu bleiben, wenn der Grafiker ein fehlerhaftes Layout schickt, der späteste Abgabetermin bei der Druckerei aber bereits in 30 Minuten ist? Gelingt es Ihnen, ruhig durchzuschlafen, wenn Sie wissen, dass Sie Ihre Arbeit nicht fristgerecht abliefern können, weil Ihr Lieferant das benötigte Rohmaterial zu spät liefert? Oftmals wirken solche Situationen wie Falltüren, die sich urplötzlich auftun, vor allem wenn sie in geballter Form auftreten. In den allermeisten Fällen schlagen die Wellen aber nur kurz und heftig hoch. Ernste Konsequenzen ziehen diese Schieflagen aber meist nur dann nach sich, wenn Sie zum wiederholten Male nachlässig oder unkonzentriert gearbeitet haben. Was Sie ändern müssen: Besser und öfter ausatmen, um zu innerer Ruhe zu gelangen bzw. Ihrer Unkonzentriertheit auf den Grund gehen. Vielleicht ist Ihr Speicher voll. Prüfen Sie das.

## Gelassenheit bei Kritik

Jemand kritisiert Sie. Frage: Warum? Was ist der Anlass für die Kritik? Offenbar haben Sie in dessen Augen etwas falsch gemacht. Und dieser „Fehler" scheint direkt oder indirekt das Wohlbefinden dieser anderen Person zu beeinträchtigen. Wie Sie inzwischen wissen, entsteht Unwohlsein zumeist aus einer unterschwelligen Angst heraus: Angst, das Gesicht oder den guten Ruf zu verlieren, Angst, mit der eigenen Arbeit in Verzug zu kommen, Angst vor Stress und Hektik, Angst, beschuldigt oder gedemütigt zu werden. Sprich: Derjenige, der Sie kritisiert, ist gerade alles andere als gelassen. Holen Sie die Person dort ab, wo sie gerade ist:

„Frau XY, ich sehe, dass Sie verärgert sind, und das bedaure ich. Ich tue, was in meiner Macht steht, damit die Situation wieder in Ordnung kommt."

Ganz gleich, ob Sie das dann auch schaffen oder nicht, haben Sie so aber erst einmal die Kritiksituation für sich entschärft: Sie zeigen Verständnis, machen klar, dass Sie nicht leichtfertig gehandelt haben und dass Sie nun verantwortungsvoll mit dem Problem umgehen werden. Ob der Kritiker auf Ihre Herangehensweise beruhigt reagiert oder nicht, liegt dann nicht mehr in Ihrer Hand. Jetzt ist die große Kunst, es geschehen zu *lassen*, die Achtung vor sich selbst zu bewahren und ge*lassen* zu bleiben.

## Der verärgerte Kunde

Ein Kunde kommt zu Ihnen oder ruft an, um etwas zu reklamieren oder um sich zu beschweren. Hören Sie sich sein Anliegen an. Lassen Sie ihn toben, krakeelen und mit Unverschämtheiten um sich werfen. Ihr innerer Teenager erträgt dies zunächst augenrollenderweise. Jetzt aber kommt Ihr erwachsenes Ich zum Vorschein und Sie reagieren verständnisvoll, denn dieser Kunde fühlt sich betrogen und ausgeliefert. Ihm ist aus einer zunächst freudigzuversichtlichen Kaufsituation ein Nachteil entstanden. Er ist enttäuscht, und das ist kein schönes Gefühl. Ihre Reaktion: „Ich habe vollstes Verständnis für Ihren Ärger. Das hätte nicht passieren sollen. Ich werde sehen, was ich tun kann." Sagen Sie niemals: „Da kann ich leider nichts machen." Denn es stimmt nicht! Im Moment des Zuhörens schenken Sie dem Kunden Aufmerksamkeit, und das allein ist schon etwas, was Sie aktiv tun.

## Die dreiste Kollegin

Was erlaubt sich diese Frau eigentlich? Geht einfach pünktlich nach Hause, bummelt fröhlich ihre wenigen Überstunden ab, gönnt sich in größter Hektik eine Kaffeepause, beantwortet die Mails nur dann, wenn es ihr passt …

Sie und die anderen Kollegen handhaben das alles irgendwie anders, oder? Gut. Ihre Entscheidung. Die „dreiste" Kollegin aber hat sich offenbar dazu entschieden, den Unmut der Belegschaft in Kauf zu nehmen, und einen Weg gefunden, damit zu leben. Ihre freie Zeiteinteilung scheint ihr wertvoll zu sein. Ob diese Variante besser ist oder die Ihre, sei einmal dahingestellt. Fakt ist, dass jeder mit den Konsequenzen seiner jeweiligen Herangehensweise zurechtkommen muss. Vielleicht erträgt sie es ja dafür, ein schlechtes Gewissen zu haben, zeigt es aber niemandem?

Wer weiß das schon? Es ist nicht Ihre Angelegenheit, was Ihre Kollegin bei Ihren Handlungen fühlt oder nicht fühlt. Ihre Entscheidung ist lediglich, wie *Sie* die Dinge in die Hand nehmen und wie *Sie* sich dabei fühlen.

## Achtung, ein Energiedieb!

Es gibt eine ganze Reihe unterschiedlicher Energiediebe, von denen ich Ihnen jetzt einige vorstellen werde. Außerdem mache ich Ihnen jeweils einen Vorschlag zur „Ersten Hilfe". Die Betonung liegt dabei auf „Erste"!

▸ **Der Jammerer:** Alles empfindet er als ganz schwierig, fürchterlich anstrengend, wahnsinnig ungerecht, viel zu viel und überhaupt ist alles für ihn eine Zumutung.

   **Erste Hilfe:** Rollen Sie innerlich mit den Augen, denken Sie „Ja, ja …" und schalten Sie auf Durchzug. Als Chef sollten Sie überlegen, ob die Person für Ihr Team wirklich geeignet ist.

▸ **Der heimlich Unsichere:** Er spricht lauter als nötig, fällt anderen ständig ins Wort und ist in seiner übermäßigen Präsenz aufdringlich und unangenehm.

   **Erste Hilfe:** Machen Sie sich bewusst, dass er glaubt, sich Ihnen gegenüber beweisen und behaupten zu müssen. Seien Sie nachsichtig, denn er überspielt seine Unsicherheit. Er wird entweder irgendwann ruhiger oder er wird gehen.

▸ **Der Pessimist:** Er ist elanreicher als der Jammerer, aber an den Erfolg glaubt er auch nicht. Er hält jede Extrameile, jede Innovation und jeden neuen Denkansatz per se für vergeudete Zeit. Er macht zynische Bemerkungen und sieht das Scheitern voraus.

**Erste Hilfe:** „Herr K., bitte behalten Sie Ihre Zweifel für sich, denn ich empfinde Ihren Pessimismus als sehr lähmend. Wenn tatsächlich etwas schiefgeht, werden wir bestimmt zur rechten Zeit eine Lösung finden."

▸ **Der Darsteller:** Er plaudert gern aus seinem Leben (egal ob beruflich oder privat) und es ist ihm egal, ob Sie gerade auf dem Weg ins Meeting sind oder sich auf ein komplexes Strategie-Papier konzentrieren müssen.

**Erste Hilfe:** Weitergehen bzw. nicht aufblicken. Nach spätestens drei Minuten der Ignoranz ist der Spuk vorbei.

▸ **Der Kontrolleur:** Er hat das Bedürfnis, alles und jeden zu beurteilen, und schreckt nicht davor zurück, sich auf Kosten anderer zu profilieren. Erlebt ein Kollege eine Niederlage, frohlockt er und zeigt das auch.

**Erste Hilfe:** „Herr P., ich finde Ihr Verhalten wirklich unprofessionell. Das haben Sie doch gar nicht nötig."

▸ **Frau Schwalbe:** „... ist 'ne Schwätzerin, sie schwatzt den ganzen Tag, sie plaudert mit der Nachbarin, so viel sie plaudern mag. Das zwitschert, das zwatschert den lieben langen Tag!" *(Kinderlied von Georg Christian Dieffenbach und Karl A. Kern)*

**Erste Hilfe:** „Frau Schwalbe, ich habe zu tun." Auch hier können Sie die Ignoranz-Strategie anwenden. Als Chef müssen Sie prüfen, ob die Dame nebenbei auch ihre Arbeit schafft. Unter Umständen besteht Gesprächsbedarf.

▸ **Der Hilfesucher:** Er scheint nichts eigenständig erledigen zu können und braucht für jede Kleinigkeit ein Extra-Briefing. Er denkt nicht mit und wartet still und geduldig auf Anweisungen. Er ist keine Hilfe, sondern für die Kollegen eher eine Belastung.

**Erste Hilfe:** Als Chef sprechen Sie mit dieser Person unter vier Augen und ermutigen Sie sie, mehr eigenverantwortliches Handeln zu zeigen. Hier hat offenbar jemand große Angst davor, einen Fehler zu machen oder sich zu weit aus dem Fenster zu lehnen.

▸ **Der Chaot:** Er ändert seine Meinung, das Timing, die Ziele, vergisst dabei aber gerne, die Kollegen darüber zu informieren. So geraten alle unter Zeitdruck und ständig müssen Brände gelöscht werden.

**Erste Hilfe:** Hier ist jemand strukturell überfordert. Ein Teamgespräch mit wohlwollender Grundstimmung ist hilfreich. „Frau M., ich habe Schwierigkeiten, meine Arbeit ordentlich und termingerecht zu erledigen, wenn Sie mich nicht rechtzeitig über Änderungen informieren."

▸ **Der Intrigant:** Er merkt, wenn ein Kollege mental schwächer, aber nicht unbedingt weniger kompetent ist. Er fühlt sich zwar überlegen, aber gleichzeitig glaubt er, seine Position sei bedroht. Er leitet Informationen nicht weiter, unterschlägt Dokumente, stellt Sie absichtlich bloß.

**Erste Hilfe:** „Herr F., ich möchte, dass Sie Ihr Verhalten mir gegenüber grundlegend ändern. Ich fühle mich hintergangen und ich verlange mehr Respekt von Ihnen." Gegebenenfalls suchen Sie das Gespräch mit dem Chef oder dem Betriebsrat. Wenn Sie der Vorgesetzte des Intriganten sind, sagen Sie ihm, was er gerne hört, nämlich, dass Sie seine Kompetenz und seine Ideen sehr schätzen. Danach erklären Sie, dass Sie es daher ganz bedauerlich finden, dass er diese enorme Professionalität mit seinem intriganten Verhalten völlig selbst zerstört. Er wird es lassen!

▸ **Der Querulant:** Er rebelliert gegen alles, ist ein notorischer Neinsager und findet gegen alles Argumente.

**Erste Hilfe:** Den Querulanten am besten wie den Jammerer behandeln: „Ja, ja, …" denken und auf Durchzug schalten. Hier möchte ein Erwachsener mit einer kindlichen Masche Aufmerksamkeit erzwingen. Als Chef sollten Sie schauen, was dahintersteckt. Möglicherweise ist hier jemand unterfordert.

Entscheidend ist, dass Sie aus der *Ich-Perspektive* sprechen und der Versuchung widerstehen, Ihrem Gegenüber Vorwürfe zu machen. Fassen Sie sich außerdem kurz! Beschränken Sie sich darauf zu sagen, wie Sie sich fühlen und welche Verhaltensvariante Ihnen lieber wäre. Verzichten Sie bei Gesprächen wie diesen auf vorsichtige „Wabbel-Formulierungen" wie „man", „irgendwie", „könnten Sie", „möglicherweise", „vielleicht", „eventuell", „eigentlich" oder „wenn's geht".

Denken Sie daran, dass sehr oft auch der Kompromiss eine Lösung sein kann. Falls Ihr Kollege „die fliegende Hitze" hat und bei weit geöffnetem Fenster arbeiten möchte während Sie aber gerade mit ersten Erkältungserscheinungen kämpfen, sollten Sie nicht starr auf Ihr Recht beharren. Wenn Sie wirklich erkältet sind, sollten Sie nach

Hause gehen, um die Kollegen nicht anzustecken. Bei Kindern würde man andernfalls vorschlagen: „Immer schön abwechseln."

Wenn nun einer der genannten Charaktere immer wieder in Ihrem Berufsleben (oder auch in einem anderen Lebensbereich) auftaucht, dienen die Erste-Hilfe-Maßnahmen zum bekämpfen der Symptome, doch die Ursache liegt ganz woanders, wie Sie sich schon denken können. Diese gewisse Art Mensch schleicht sich in allen erdenklichen Varianten in Ihr Leben, als würde sie magnetisch von Ihnen angezogen. Wie kann das geschehen?

Es ist an der Zeit, dass Sie den „Störenfried" als eine Art Spiegel oder als „geheimen" Botschafter verstehen. In den allermeisten Fällen regen wir uns nämlich über genau die Leute auf, die uns gegenüber Verhaltensweisen und Eigenschaften an den Tag legen, in denen wir uns entweder wiedererkennen (dies aber nicht wahrhaben wollen) oder um die wir sie insgeheim beneiden.

Ich erinnere mich beispielsweise an meine kanadische Kollegin Gillian, die mich damals mit ihrer dominanten und zugleich gönnerhaften Art regelmäßig zur Weißglut bringen konnte. Inzwischen ist mir klar, dass sie einfach um einiges versierter und erfahrener war als ich. Darauf war sie zu Recht stolz und hielt sich auch in keinster Weise bescheiden zurück. Wozu auch? Schließlich hatte sie noch viel vor auf der Karriereleiter und vor allem hatte sie auch das Zeug dazu! Dass ich als Job-Anfängerin seinerzeit ein Problem mit ihrer Art hatte, war ihr vollkommen Schnuppe. Zu Recht!

Auf eine Ursache folgt immer eine Wirkung. Ist die Wirkung in Ihrem Inneren zu spüren, liegt auch die Ursache dort. In Ihnen läuft dann ein unbewusstes Programm, das unangenehme Wirkungen überhaupt erst ermöglicht.

Selbstverständlich können Sie mit einem Kollegen über sein Verhalten sprechen und vielleicht ändert er es auch. Solange allerdings Ihre unbewusstes Programm, also Ihre innere Haltung unverändert bleibt, wird bald darauf eine andere Person auftauchen, die Ihnen das Leben auf vergleichbare Weise erschwert.

## Übung im Alltag

Wenn Sie herausfordernde Situationen scheuen und umgehen, verhindern Sie, dass Sie über sich hinauswachsen. Üben Sie sich darin, in alltäglichen Negativmomenten gelassener zu bleiben. Eine Methode hierfür ist, Situationen bewusst aufzusuchen oder zu kreieren, die den Ihnen bekannten Negativmomenten ähnlich sind, damit Sie im überraschenden „Ernstfall" besser vorbereitet sind. Das Ganze funktioniert hervorragend mit dem Visualisieren, aber etwas Praxis wirkt unterstützend bei der Neuprogrammierung Ihres Gefühls- und Verhaltensmusters.

### *Übungssituationen, um mit Druck von außen besser umzugehen*

▸ *Suchen Sie sich den widrigsten Platz zum Einparken aus (er muss nur bitte legal sein). Wählen Sie einen Ort, bei dem Sie genau wissen, dass Sie die nachfolgenden Autofahrer durch Ihr Einparken aufhalten werden. Nehmen*

*Sie in Kauf, angehupt oder gar beschimpft zu werden. Schenken Sie all dem keinerlei Beachtung und atmen Sie mehrmals bewusst aus. Und jetzt parken Sie Ihr Auto ganz in Ruhe ein. Und wenn Sie beim Einparken korrigieren müssen und alles noch weitere 40 Sekunden länger dauert, wird die Übung dadurch nur besser!*

▸ *Beantworten Sie eine Mail, die Sie aufregt und auf die eine umgehende Reaktion von Ihnen erwartet wird, mit fünf bis zehn Minuten Verzögerung. Picken Sie sich eine Mail am Tag heraus, deren Bearbeitung Sie absichtlich um ein paar Minuten hinauszögern. In der Zeit atmen Sie mehrmals bewusst aus und sagen sich: „Ich brauche nicht besser zu sein, als ich es zu diesem Zeitpunkt bin. Mir kann nichts passieren."*

▸ *Machen Sie einen Samstag lang einen Stress-Übungstag. Legen Sie sich Termine mit Freunden oder Bekannten im Stundentakt. Legen Sie den ersten Termin auf 11:00 Uhr und stehen Sie nicht vor 10:15 Uhr auf! Nehmen Sie sich zusätzlich vor, in einem blaugelben Einrichtungshaus Kerzen einzukaufen und im Supermarkt Besorgungen zu machen. Es kommt nicht nur darauf an, wie Sie sich am Abend fühlen, sondern darauf, dass Sie sich zu keinem Zeitpunkt gehetzt oder unter Druck fühlen. Sobald Sie eine innere Unruhe und Anspannung verspüren, atmen Sie aus und sagen sich: „Ich bin hier und jetzt gerade am richtigen Ort. Alles läuft für mich perfekt."*

▸ *Warten Sie den nächstbesten Anruf ab und sagen Sie, dass Sie gerade „im Gespräch" sind oder „auf der anderen Leitung sprechen" – ungeachtet dessen, dass dies nicht der Wahrheit entspricht, und ganz gleich wer Sie gerade anruft und mit welchem Anliegen. Legen Sie auf, atmen Sie mehrmals bewusst aus, sagen Sie sich so langsam, wie Sie nur können, im absolut übertriebenen Zeitlupentempo: „Ich … selbst … darf … bestimmen, …wann …die … richtige … Zeit … für … dieses … Telefonat … ist. – Ich … rufe … zuverlässig … zurück … – Und … zwar … jetzt." Und dann tun Sie's.*

▸ *Wenn Ihnen auffällt, dass Sie etwas vergessen oder versäumt haben, verzeihen Sie sich diesen „Fehler" sofort in dem Moment, in dem Sie ihn bemerken. Spitzenathleten sind meisterhaft darin! Stellen Sie sich eine Weltklasseturnerin bei der Olympiade vor, die nach Ihrem Sturz vom Schwebebalken die Übung am Stufenbarren vollbringen muss. Nur ein Gedanke an den Fehltritt von vorher und sie würde nur mit halber Kraft antreten. Wenn Sie sich nämlich selbst verzeihen, kann Sie jemand getrost auf Ihren Fehltritt aufmerksam machen, Sie sogar heftig maßregeln – es wird Sie zwar interessieren, aber nicht angreifen.*

**Achtung:** Bleiben Sie beim Trainieren im für alle zumutbaren Rahmen! Fühlen Sie sich jetzt nicht dazu ermutigt, sich in purer Rücksichtslosigkeit zu üben, weil dadurch so „schöne" stressige Situationen entstehen, an denen Sie Gelassenheit üben können.

## Abstand halten

Es ist gut, die Dinge ab und zu mit Abstand zu betrachten. Das, was Sie persönlich fürchterlich stört, ist für einen anderen belanglos. Und das, was Sie tief trifft, bekommt ein anderer noch nicht einmal mit. Ich empfehle Ihnen, in den nächsten vier Wochen Folgendes zu probieren:

## Ein filmreifer Alltag

*Stellen Sie sich Ihr Leben als einen Hollywoodfilm vor, ähnlich wie bei der „Truman Show" mit Jim Carrey. Auch jetzt, in diesem Moment, da Sie diese Zeilen lesen. Stellen Sie sich bildlich vor, dass Ihnen Leute beim Lesen zusehen! Das Licht ist auf Sie gerichtet, der Regisseur hat Ihnen die Anweisung gegeben, sich auf das Buch zu konzentrieren. Nachher legen Sie das Buch zur Seite, stehen auf, tun etwas anderes, und immer ist die Kamera dabei. Sobald Ihnen etwas Merkwürdiges, Nerviges, Stressiges widerfährt, erinnern Sie sich daran, dass all das, was Sie erleben, von einem riesigen für Sie unsichtbaren Publikum beobachtet und jedes Missgeschick und jeder Ärger von einer ordentlichen Lachsalve begleitet wird. Herzlichen Glückwunsch, Sie spielen die Hauptrolle in einer Comedy-Show.*

Wenn Sie kein Comedy-Fan sind, dann stellen Sie sich ein Drama vor, bei dem die Zuschauer mit Ihnen fühlen. Oder wenn das auch nicht so recht passt, dann eben einen Thriller, bei dem man mit Ihnen mitfiebert. Völlig egal – entscheidend ist, dass Sie Abstand zu Ihrem verletzlichen, gestressten Ego gewinnen. Je geschickter und versierter Sie bei dieser Übung werden, desto schwieriger wird es, Sie aus der Balance zu bringen. Das werden Sie relativ schnell feststellen.

# Atmen hilft, ausatmen hilft viel

147 Mails checken, Mails beantworten, Mails weiterleiten, Mails löschen, Mails nach Wichtigkeit und Dringlichkeit sortieren, beides voneinander unterscheiden, Flug buchen, Aufgaben delegieren, Layouts korrigieren, Bilanzen prüfen, Texte redigieren, Geschäftspartner zurückrufen, Material beschaffen, Lieferanten zurechtweisen, Kunden beschwichtigen … Und alles sollte eigentlich schon gestern passiert sein, denn gleich flattert etwas ganz Eiliges auf den Tisch, das Vorrang hat, und dann ist es auch schon absehbar, dass an irgendeiner Stelle das laufende Projekt anbrennt. Wenn Ihnen diese Situation vertraut ist, läuft in Ihnen einer der folgenden Sätze in einer Art Dauerschleife ab:

▸ „Ich werde allen beweisen, dass ich etwas schaffen kann!"

▸ „Ich zeige meinem Vorgesetzten, dass ich belastbar bin!"

▸ „Ich lasse mich von der Konkurrenz nicht überholen!"

▸ „Niemand soll mir vorwerfen, ich würde mich nicht anstrengen!"

▸ „Wer viel verdienen will, muss auch viel tun."

▸ „Alle sollen merken, dass ich ein hilfsbereiter, rücksichtsvoller, selbstloser Mensch bin."

▸ „Ich will die/der Beste sein und schaffe das auch."

▸ „Ich kann mein Team nicht im Stich lassen."

▸ „So eine Chance kommt nie wieder!"

▶ „Wenn ich etwas vergesse oder versäume, ist das schlimm."

Im Zuge dieser mentalen Dauerschleife geben Sie irgendeiner Tätigkeit immer wieder gerne den Vorrang vor der eigenen Gelassenheit. Bitte machen Sie sich bewusst, dass Sie damit leichtfertig Ihrer Gesundheit, Ihrer Konzentrations- und Leistungsfähigkeit schaden. Und das ist weder vernünftig noch verantwortungsvoll und erst recht nicht mächtig. Sie lassen es fahrlässig zu, dass Ihre innere Ruhe geopfert wird. Das hat nichts mit Fleiß, Hilfsbereitschaft, Rücksichtnahme, Perfektion, Erfolg oder Belastbarkeit zu tun. Es ist einfach falsch.

> Für manch einen bedeutet „Multitasking" gleichzeitig Staub zu saugen und dabei ein- und auszuatmen. **!**

Ich wette, Sie atmen zu flach! Wenn man sich in einer Hektik- oder Stressschleife befindet, liegen latente Angstzustände vor, und diese münden durch zu flaches Atmen in einer reduzierten Sauerstoffaufnahme. Dadurch wird es für Ihre Körperzellen anstrengender, effizient für Sie zu arbeiten, und das ist ermüdend. Diese Ermüdungserscheinungen zeigen sich in einem dünnen Nervenkostüm, Gereiztheit, Überempfindlichkeit, Unkonzentriertheit, reduzierter Souveränität und gekünstelter Ausstrahlung. Wer zu flach atmet, dem fehlt es an Präsenz und an Gelassenheit.

## Stoppen Sie Ihre Atemzeit

*Falls Ihr Handy eine Stoppuhrfunktion hat, messen Sie jetzt die Zeit, die Sie brauchen, um zehnmal ganz normal weiterzuatmen, wobei Sie in den Bauchraum atmen, den Bauch also weich und untrainiert hängen lassen und ihn beim Einatmen ein wenig aufblähen. Wenn Sie keine Stoppuhr haben, gehen Sie auf www.uhrzeit.org. Hier ticken die Sekunden der Atomuhr.*

Die Übung wird um die 40–50 Sekunden dauern. Ich bin vollkommen sicher, dass Sie diese Zeit des bewussten Atmens in Ihren Alltag einflechten können. Im Anschluss daran schaffen Sie in der Hälfte der Zeit das Doppelte.

### Karina K., 25, Team-Assistentin

*Manchmal summt mein Körper richtig, so aufgeladen bin ich von der Arbeit. Ab und zu fiept mein Ohr, die rechte Schulter schmerzt und ich gebe zu, dass meine Atmung manchmal so flach ist, dass mir regelrecht schwindlig wird. Aber ich mag Unterbrechungen einfach nicht, wenn ich einmal so schön in Fahrt bin.*

Ich rate Ihnen, das, was Sie tun, mit Hingabe zu tun, jedoch nicht in Hektik. Arbeiten Sie zügig und vor allem konzentriert, aber üben Sie Verantwortungsmacht aus, wenn es um Ihr inneres Gleichgewicht während der Arbeitszeit geht. Gewöhnen Sie sich an, jedes Mal wenigstens zehnmal bewusst zu atmen, wenn Sie an Ihren Arbeitsplatz zurückkehren.

## Affirmationen für mehr Zuversicht

*Sagen Sie: „Ich wünsche mir: Gelassenheit ist mein natürlicher Zustand" und atmen Sie danach zehnmal bewusst aus, denn eine Affirmation, eine sich selbst erfüllende Prophezeiung, wird nur dann in Ihrem Unterbewusstsein als glaubwürdig und wahr abgespeichert, wenn sie an tatsächlich Erlebtes gekoppelt wird. Am besten machen Sie diese Power-Übung eine Woche lang täglich 70 Mal!*

Das bewusste Atmen bei dieser Übung schafft kurzzeitige Gedankenstille. Das wiederum signalisiert Ihrem Gehirn: „Das, was ich mir gerade gesagt habe, ist die Wahrheit. Das, was ich gerade denke, lebe ich."

## Ausatmen gegen den Stress

*Sobald Sie sich unter Druck, nervös oder getrieben fühlen, probieren Sie, dieses Gefühl durch folgende Atemtechnik loszulassen: Sie atmen tiefer als normal ein, halten die Luft kurz an und lassen sie geräuschvoll („schschsch…") ausströmen. Achten Sie insbesondere auf das Ausatmen und leeren Sie Ihre Lungen komplett, bevor Sie wieder einatmen. Sie können diese Übung verstärken, indem Sie die Arme seitlich gegen die Rippen pressen, als wollten Sie auch das letzte bisschen Luft herausdrücken. Stellen Sie sich vor, dass all Ihre Anspannung an Ihrem Atem befestigt ist und zusammen mit diesem aus Ihrem Körper entweicht.*

# Sie sind der Arzt!

Sie wissen nun, was anstrengende Situationen hervorruft und welche Methoden bei der Bewältigung hilfreich sind. Wenn Ihnen körperlich etwas fehlt, wissen Sie ziemlich genau, was zu tun ist: Bei einer Erkältung halten Sie sich warm, trinken viel, nehmen ein heißes Bad und machen, so gut es geht, „halblang". Bei einer fiebrigen Grippe legen Sie sich ins Bett, nehmen etwas Medizin und kurieren sich aus. Bei Schnittwunden kommt ein Pflaster drauf, und wenn es ganz arg oder seltsam kommt, gehen Sie zum Arzt. So haben Sie es gelernt und so hat man es Ihnen vorgemacht. Wer aber hat Ihnen Gelassenheit vorgelebt? Oder wo hätten Sie sich abschauen können, was zu tun ist, wenn die Wellen hoch schlagen?

In Ihrer jetzigen Situation sollten Sie sich einen Plan erstellen, wie Sie es ab jetzt der Reihe nach handhaben wollen, falls schon morgen wieder alles aus den Fugen zu geraten scheint. Stellen Sie sich Ihre persönliche „Mental-Arznei" zusammen, mit der Sie kurz darauf wieder auf die Beine kommen und mit der Sie die Zeit des Ärgers und des Frustes auf ein Minimum reduzieren.

*Wählen Sie Ihre persönlichen Arzneizutaten und bestimmen Sie Reihenfolge, Dosierung und Dauer der Anwendung selbst*

▸ *bewusstes Atmen in den Bauch*

▸ *Visualisieren der optimalen Job-Situation*

▸ *Handkanten-Energiepunkt („Obwohl ich …")*

▸ *Glücksgefühle hervorrufen und ankern*

▸ *das Leben als Film betrachten*

▸ *gedankliches Abändern typischer Stresssituationen*

▸ *tägliche Affirmationen mit Klopfen der Thymusdrüse*

▸ *Stärken der inneren Haltung durch Verzeihen*

▸ *Selbstreflexion: Energiediebe = Spiegel*

▸ *Achtsamkeit bei der Wortwahl*

▸ *Konfrontationssituationen als Übung für den Ernstfall*

▸ *Ego-Momente entlarven*

▸ *das „innere Kind" beachten*

▸ *Dankbarkeit für einen guten Start*

▸ *eine „Scheibe" Teenager*

---

**Auf den Punkt gebracht:**

▸ Bleiben Sie gegen das Stressgefühl anderer immun, damit Sie in Konfliktsituationen besonnen reagieren.

▸ Entlarven Sie Energiediebe und entlarven Sie deren Botschaft an Sie.

▸ Trainieren Sie Gelassenheit auch außerhalb des Büros in Alltagssituationen.

▸ Betrachten Sie sich von Zeit zu Zeit mit etwas Abstand.

▸ Atmen Sie, sooft es geht, bewusst.

# Schlussgedanke

Die Zeit vor Ihrer Geburt war ungeheuer lang und die Zeit nach Ihrem Tode wird ebenfalls unvorstellbar lang sein. Modellieren Sie die recht überschaubare Lebenszeit, die dazwischen liegt, zu Ihren Gunsten!

Lassen Sie's gut sein und lassen Sie es sich gut gehen!

Ihre Katja Niedermeier

# Literaturtipps

Kurt Tepperwein und Felix Aeschbacher
„Die Kraft der Intuition" (Goldmann Verlag)

Dr. Susanne Marx
„Klopfakupressur kompakt – Die besten Techniken auf
einen Blick" (Vak-Verlag)

Louise L. Hay
„Gesundheit für Körper und Seele" (Heyne Verlag)

T. Harv Eker
„So denken Millionäre – Die Beziehung zwischen Ihrem
Kopf und Ihrem Kontostand" (Heyne Verlag)

Carol Bolt und Christine Dorn
„Das Buch der Antworten" (Scherz Verlag)

Paulo Coelho
„Der Alchimist" (Diogenes Verlag)

Jiddu Krishnamurti
„Einbruch in die Freiheit" (Lotos Verlag)

# Die Autorin

Seit 2001 arbeitet Katja Niedermeier als Interviewtrainerin, PR-Managerin, Gastdozentin und Coach. Die Themenschwerpunkte ihrer Arbeit sind Gelassenheit, Ausstrahlung, positiv-professionelle Kommunikation, Erfolg durch Visualisierung sowie das Auflösen von einschränkenden Gedankenmuster. Zu ihren Klienten gehören Führungskräfte und Pressesprecher genauso wie Musiker, Schauspieler und Privatpersonen. Ihre Auftraggeber sind große Konzerne, kleine Unternehmen, Hotels, Theaterhäuser, Verbände und Agenturen. Katja Niedermeier ist gebürtige Sauerländerin, gelernte Kommunikationswirtin, spricht vier Sprachen und lebt mit ihrer Familie in Berlin. Ihr Lebensmotto: „Für heute bin ich genau richtig und morgen bin ich vielleicht besser."

Mehr Infos unter www.k-acht.com.

*Danke ... Christian, Betty, Hilde, Willi, Bea, Barbara und Gabi für Liebe, Ansporn, Herz und Hirn!*

Impressum:

Verlag C. H. Beck im Internet: www.beck.de
ISBN: 978-3-406-63356-0
© 2012 Verlag C. H. Beck oHG
Wilhelmstraße 9, 80801 München

Lektorat und DTP: Text + Design Jutta Cram, 86157 Augsburg, www.textplusdesign.de
Umschlaggestaltung: Ralph Zimmermann – Bureau Parapluie
Umschlagbild: © Dudarev Mikhail - fotolia.com
Druck und Bindung: Beltz Bad Langensalza GmbH, Neustädter Straße 1–4, 99947 Bad Langensalza

Gedruckt auf säurefreiem, alterungsbeständigem Papier (hergestellt aus chlorfrei gebleichtem Zellstoff)